Stephan Grabmeier | Stephan Petzolt

PLAYBOOK

Impact Business Design

Der Guide zur Modellierung enkelfähiger Organisationen

Verlag Franz Vahlen München

Check In

Die Menschheit muss alles überdenken:
unser Verständnis von der Welt, unsere Art zu wirtschaften,
unsere politische Ordnung, unsern Platz in Raum und Zeit,
unser gesamtes Handeln und unser Verhältnis zu unserem Planeten.

Jeremy Rifkin

Zukunftswende

Der Erde ist es egal, ob wir sie retten. Sie muss nicht gerettet werden. Seit rund 4,6 Milliarden Jahren bewegt sie sich durch den Weltraum. Der Mensch macht in dieser Zeitspanne nur einen kurzen Wimpernschlag aus. Sein Fußabdruck auf dem Planeten ist jedoch eindeutig. Und zwar eindeutig zu groß.

Wir leben in einer Zeit, in der das System Erde an einem Tipping Point angelangt ist. An diesem Wendepunkt ist nichts mehr wie vorher und wird es auch nie wieder sein. Das betrifft das Klima genauso wie unser Zusammenleben als globale Gesellschaft. Wir haben unsere Wirtschafts-, Finanz-, Gesundheits- und Rentensysteme in 250 Jahren Industriegeschichte immer stärker auf Effizienz getrimmt – zu einem hohen Preis. Die Zeit, in der Mutter Erde mit großer Robustheit und Stabilität unser Handeln verkraftet, neigt sich dem Ende zu. Wir sind aufgefordert, Zeit und Wirklichkeit neu zu denken und mit Komplexität und Chaos anders umzugehen.

Wir entscheiden jetzt, wie wir den Planeten an die nachfolgenden Generationen übergeben. Wir sind die letzte Generation, die es noch selbst in der Hand hat, den grundlegenden Wandel unserer Systeme positiv zu gestalten. Neues Denken und Handeln zeigt sich in der Weise, was wir wertschätzen, wie wir Werte schaffen, wie wir Unternehmen führen und Verantwortung für Mensch und Natur übernehmen. Dabei tragen wir alle Verantwortung, unabhängig davon, welche Rolle wir in diesen Systemen spielen.

Klima-, Umwelt-, und Artenschutz sind globale Zukunftsmärkte. Es ist an der Zeit, dass sich Unternehmen, Organisationen und Verbände auf die Chancen konzentrieren, die vor uns liegen. Die Märkte der Zukunft sind umweltneutral, Ressourcendenken findet in Kreisläufen statt. Und wir können sie gestalten, wir haben die kollektive Intelligenz. Wir können es besser, fordern wir uns heraus!

Jeder Wendepunkt ist eine Frage der Wahrnehmung. In dem Moment, in dem wir unsere Wahrnehmung verändern, beginnt unser ganz persönlicher Tipping Point. Er erfordert eine Weiterentwicklung unseres Bewusstseins: im Denken, Fühlen und Handeln. Im Businesskontext geht es um die Neugestaltung der Rahmenbedingungen unserer Organisationen, um neue Formen des Wirtschaftens, um ein neues Design unserer Unternehmen. Eine Zukunftswende erfordert ein neues Werteverständnis unserer Antriebsmuster und unserer Motive, das sich in veränderten Verhaltensweisen und Ergebnissen niederschlägt. Denn mit den immer gleichen Denkweisen und Modellen der Vergangenheit können wir keine neuen Lösungen schaffen.

Wir haben dieses Buch geschrieben, weil wir fest daran glauben, dass besseres Wirtschaften möglich ist. Es ist möglich, eine lebenswertere Gesellschaft zu formen und einen Planeten zu hinterlassen, dessen dauerhafte Bewahrung auch für künftige Generationen ein lohnendes und vor allem erreichbares Ziel ist. So verstehen wir Enkelfähigkeit – als Rettungsauftrag an uns, die wir heute Verantwortung tragen und (eigentlich) wissen, was wir tun. Und als Dauerauftrag an die kommenden Generationen.

Mit dem Playbook Impact Business Design zeigen wir dir Schritt für Schritt, wie du die Transition hin zu einer Impact First Organisation gestalten kannst und wie es dir gelingt, dein Bewusstseinsprofil und das deiner Organisation gezielt weiterzuentwickeln.
Mit unserem Vorgehensmodell wollen wir dich auf eine besondere Reise mitnehmen. Sie wird dich dazu anregen, kollektive Muster auf den Prüfstand zu stellen und sie dort weiterzuentwickeln, wo sie den Anforderungen unserer Zeit nicht mehr gerecht werden. Diese Reise wird dir und deinen Mitgestaltenden grundlegende Lernmöglichkeiten eröffnen. Und sie wird euch die Perspektive geben, von der Zukunft her zu denken, zu fühlen und zu handeln.

Es ist an der Zeit, den Impact deiner Organisation auf das Niveau der Anforderungen unseres Planeten und den Bedürfnissen unserer Enkel-Generationen zu heben. Ein Niveau, das nicht nur Profit im Auge hat, sondern langfristige Verantwortung für Gesellschaft und Umwelt übernimmt. Ein Bewusstseinswandel, der die hybride Intelligenz von Mensch und Maschine im 21. Jahrhundert sozialverträglich zu nutzen weiß. Eine Neo-Ökologie, die unseren Einfluss auf die Ökosphäre verantwortungsvoll gestaltet. Und das nicht als Zusatzaufgabe, sondern als Purpose in einer systemisch vernetzten Organisation. Eine Organisation, deren Menschen und Produkte sich an den planetaren Grenzen orientieren.

Wir möchten dich einladen, mit uns auf die Reise zu gehen. Auf eine Reise für Impact Business. Sie bringt dir und deiner Organisation Klarheit wo sie steht – Today – und auf welches Level sie sich entwickeln möchte – Tomorrow. Aus dieser Differenz entwickelst du mit deinen Gefährten die Reiseroute, die deine Organisation auf ein enkelfähiges Level bringen soll. Diese Reise erfordert Mut, denn ihr werdet neues Terrain betreten, Widerstände überwinden und zugleich neue Lernerfahrungen machen.

Nur wer seine Grenzen kennt,
kann sie bewusst überschreiten.

Es gilt die Chancen für eine enkelfähige Zukunftswende zu nutzen. Jetzt und fundamental.

Stephan und Stephan

Inhalte

Immanenz

Check Out

Wer mit diesem Buch arbeiten sollte

In erster Linie du.

Wir sprechen dich mit „du“ an. Das ist für uns die Anrede, die uns am geeignetsten erscheint, um mit dir auf Augenhöhe und nahbar in Kommunikation zu treten. Wir sprechen auch von „deiner Organisation“. Damit gehen wir von einer engen Verbindung von dir und deinem Unternehmen aus, unabhängig davon, ob du (anteiliger) Eigentümer bist oder nicht. Entscheidend ist, dass du Verantwortung für deine Organisation übernimmst.
Die Tatsache, dass du dieses Playbook in der Hand hältst, ist die beste Voraussetzung für deine persönliche Zukunftswende. Wir sprechen davon, Wirkung im Wesentlichen zu erzeugen – Impact First. Wie auch immer du damit arbeitest, es wird deine Sichtweise und deine Fähigkeiten zur Veränderung von Organisationen positiv beeinflussen. Du wirst zum kreativen Gestalter der Zukunftswende.

Zukunft mit einem „**weg von**“ und einem „**hin zu**“:

Weg von
alten BWL-Mustern und VWL-Modellen, Führungskräften, die das alte Shareholder-Value-Lied „The Purpose of business is business“ singen, Handlungsmaximen, die zerstörerischen Profit als Erfolg um jeden Preis anstreben.

Hin zu
einer Sinnökonomie, in der New Work in Impact Business stattfindet, Innovationen, die dem ganzheitlichen Anspruch „People, Planet & Profit“ genügen, einer unternehmerischen Zukunft, die von Geschäftsmodellen auf Basis von Kreisläufen basiert.

Dieses Playbook haben wir nicht für Rollen und Funktionen geschrieben, sondern für Menschen, die Zukunft entwickeln wollen.

Im Kern ist dieses Buch für alle, die Verantwortung für die Zukunft übernehmen und diese mit neuen Methoden gestalten wollen. Egal in welcher Rolle: ob Design, Strategie, Innovation, Nachhaltigkeit, HR, Einkauf, Marketing, Kommunikation, Sales, IT, Produktion, F&E, Gründer, Investor oder Unternehmer.

**Dieses Buch verfolgt den Anspruch:
Weg von Profit First, hin zu Impact First.
Für alle, die enkelfähiges Wirtschaften
gestalten wollen.**

Im Impact Business Design Playbook sprechen wir Lesende aller Geschlechter an. Wir respektieren individuelle geschlechtliche Identitäten und Präferenzen. Dies konsequent in Sprache zum Ausdruck zu bringen geht jedoch zu Lasten der Lesbarkeit. Wir haben uns daher für eine hybride Form entschieden. In einigen Teilen verwenden wir neutrale Bezeichnungen, während in anderen Abschnitten maskuline Begriffe gewählt haben, wobei wir ausdrücklich alle Geschlechter einschließen. Wir danken dir für dein Verständnis für diese Entscheidung.

Wie du damit arbeitest

Wir haben dieses Buch so geschrieben, dass du Impact Business Design einfach und sofort in die Praxis umsetzen kannst. Das Playbook versucht, die Komplexität des Themas so weit wie möglich zu reduzieren, ohne es zu trivialisieren. Dennoch wird es nicht immer leicht sein, denn die Auseinandersetzung mit den einzelnen Bausteinen wird dich und deine Mitstreitenden fordern.

Bei aller Intensität darf der spielerische Spaß nicht zu kurz kommen. Denn er macht es leichter, andere Menschen für das neue Vorgehen zu begeistern: Lust statt Last für die Transition zu enkelfähigem Wirtschaften. Du entwickelst mit deinen Gefährten ein gemeinsames Verständnis für das Projekt. Es geht darum, sich gegenseitig herauszufordern und gleichzeitig die anderen zu verstehen. Dabei entstehen gemeinsame Bilder, Narrative und konkrete Vorstellungen. Diese reifen in euren Köpfen und euren Herzen; sie werden über die Sprache zu Worten und Bildern. Die Templates, die wir euch digital auf dem Miro Board: **Impact Business Architect** zur Verfügung stellen, werden euch in diesem Reifungsprozess unterstützen; sie dienen auch der Verdichtung und Dokumentation. Das gilt für alle Phasen eurer Reise.

It 's simple, but it 's not easy!

Jeremy Rifkin

Dennoch kommen wir nicht umhin, einige theoretische Grundlagen zu erläutern. Diese werden wir so kompakt wie möglich halten, ohne die wissenschaftliche Seriosität zu gefährden.

Die nachfolgenden drei Phasen gliedern sich in 13 Schritte. Durch den systemisch-integralen Ansatz von Impact Business Design wird es dir leichtfallen, dich zu orientieren und Schritt für Schritt vorzugehen. Wir empfehlen dir, alle Phasen und Schritte chronologisch zu durchlaufen. Dadurch entstehen die besten Kopplungseffekte auf individueller und organisationaler Ebene. Natürlich musst du nicht alle Phasen und Schritte in der angegebenen Reihenfolge durchlaufen, wenn du einzelne Themenfelder bereits bearbeitet hast. Dann kannst du deren Ergebnisse direkt nutzen. Oder steht ein Bearbeitungsschritt zu einem späteren Zeitpunkt an? Dann kannst du die Ergebnisse daraus einfach nachträglich integrieren.

Einige Begriffe, die wir wiederkehrend nutzen, haben wir im Teil **Begriffserklärungen** ← beschrieben. Hier kannst du immer wieder nachlesen, welche Definitionen bestimmten Begriffen zu Grunde liegen. Der grüne Pfeil navigiert dich.

Deine Organisation (wie auch alle anderen Organisationen) verfügt über folgende grundlegende Fähigkeiten:

Selbsterhaltung,
Anpassung,
→ **Transzendenz und**
→ **Immanenz.**

An diesen Fähigkeiten orientiert sich das Impact Business Design. Der Aufbau des Buches trägt den grundlegenden Erkenntnissen der Psychologen Kurt Lewin, Peter Kruse und Albert Bandura Rechnung.

Was dich antreibt

Vom Fühlen, über das Denken zum Handeln und Prüfen

Veränderung hat in erster Linie mit uns selbst zu tun. Wissen, was man will, für sich gute Entscheidungen treffen, Probleme lösen, sich bei Bedarf selbst motivieren, eigene Absichten umsetzen und daraus lernen – das ist eine Menge und verlangt uns viel ab. Je besser wir uns kennen, desto einfacher kommen wir mit diesen Herausforderungen zurecht und können die Transformation von Veränderungen aktiv gestalten. Unbewusste Motive steuern zum Großteil unser Verhalten, während Absichten, die uns bewusst sind, eher für kurzfristigen Antrieb sorgen. Viele Menschen schätzen ihre unbewusste Motivation nicht immer richtig ein, was zu unglücklichen Entscheidungen führt. Je besser es uns gelingt, die eigenen Kraftquellen zu erschließen, desto leichter können wir unsere Anforderungen meistern sowie für uns stimmige Ziele setzen und erfolgreich umsetzen.

→ Wir folgen in dem Playbook dem PSI-Modell von Kuhl in folgender Reihenfolge:
erst grübeln: 1. fühlen & 2. denken,
dann dübeln: 3. es tun,
ergänzt um das Lernen auf Basis der Reflexion: 4. dem Prüfen.

Durch die Transformation findet manchmal eine tiefgreifende Persönlichkeitsveränderung in unterschiedlichen Dimensionen statt: emotional, kognitiv und sozialgesellschaftlich. Diese Veränderung kann mitunter schmerzvoll sein. Wenn es uns gelingt, diese neuen Denk-, Fühl- und Handlungsmuster zu entwickeln, sind wir auch in der Lage, diese in unterschiedlichen Kontexten abzurufen.

Jeremy Rifkin beschreibt in seinem Buch „Das Zeitalter der Resilienz – Leben neu denken auf einer wilden Erde“ sehr eindringlich, dass es eine Neuorientierung unserer Existenz in Raum und Zeit braucht. Dies setzt systemisches-integrales Denken voraus, das die relevanten Neben-, Rück- und Fernwirkungen einbezieht und dieser ganzheitliche Denkansatz in anderen Zeiträumen zu denken ist, als wir es gewohnt sind. Das Impact Business Design mit dem Anspruch der Enkelfähigkeit versucht daher die Dimension Zeit weiter zu fassen als frühere Organisationsmodelle.

Rifkin plädiert dafür, die Natur als unser Klassenzimmer zu sehen und uns an den beiden Hauptsätzen der Thermodynamik zu orientieren:

1. Hauptsatz
Die Energie in unserem Universum als unser übergeordnetes System ist konstant. Sie geht lediglich in andere Formen über, und zwar von verfügbar zu nicht verfügbar.

2. Hauptsatz
Immer, wenn in unserem System etwas geschieht, wird Entropie produziert. Entropie ist das Maß für „Unordnung“ in unserem System. Dabei fließt die Energie immer von warm zu kalt, von Konzentration zu Streuung, von Ordnung zu Unordnung. Diese Prozesse sind unumkehrbar.

Je länger wir wirtschaften wie in den letzten 250 Jahren Industriegeschichte, desto größer ist unser ökologischer Fußabdruck und unsere Entropiezeche, so sein Credo. Das Impact Business Design versteht sich als ein konkretes Vorgehensmodell, um so wenig Entropie wie möglich zu produzieren und das Überleben sicherzustellen. Je besser es dir gelingt, eine energetische Ordnung zwischen deinem Unternehmen und dem Gesamtsystem Universum herzustellen und umso weniger Energie ihr dazu benötigt, umso geringer ist die Entropiezeche, die zu zahlen ist und desto größer sind die Überlebenschancen für uns und unsere nachfolgenden Generationen.

Gerne verwenden wir heute den Begriff Komplexität für die „Unordnung", die uns umgibt. Das Gleichgewicht – die Ordnung – zwischen deinem Unternehmen und der Umwelt wird in der Systemtheorie mit **Homöostase** bezeichnet.

Wenn die Geschwindigkeit des Wandels außerhalb des Unternehmens die interne Veränderungsgeschwindigkeit überschreitet, ist das Ende nah.

Jack Welch

Check In

Impact Business Design - Die Grundstruktur

Das Impact Business Design besteht aus folgenden Modulen.
Der Ausgangspunkt ist das **Impact Business Design-Playbook**, das du gerade in den Händen hältst.

1. Impact Business Oszillogramm

Das zentrale Modul ist das systemisch-integrale Organisationmodell, das **Impact Business Oszillogramm.**

2. Impact Profiler

Um deine Organisation im Hinblick auf die aktuellen und gewünschten Denk-, Fühl- und Handlungsmuster zu analysieren, haben wir den **Impact Profiler** entwickelt. Den Link zum Online-Tool findest du auf Seite 151.

3. Impact Business Architect

Für die praktische Anwendung stellen wir dir nützliche Templates für jeden Schritt zur Verfügung. Diese findest du mit dem Link zum **Impact Business Architect auf Seite 45.**

Impact Business Design - Playbook

Das Playbook besteht aus dem Check-In, der Transition und dem Check-Out. Die Transition gliedert sich in drei Phasen, die in 13 Schritte unterteilt sind. Die Bearbeitung der Schritte führt deine Organisation auf eine höhere Entwicklungsstufe. Ziel ist es, sie enkelfähig zu machen. Oder anders ausgedrückt: ihre Überlebensfähigkeit im 21. Jahrhundert zu sichern.

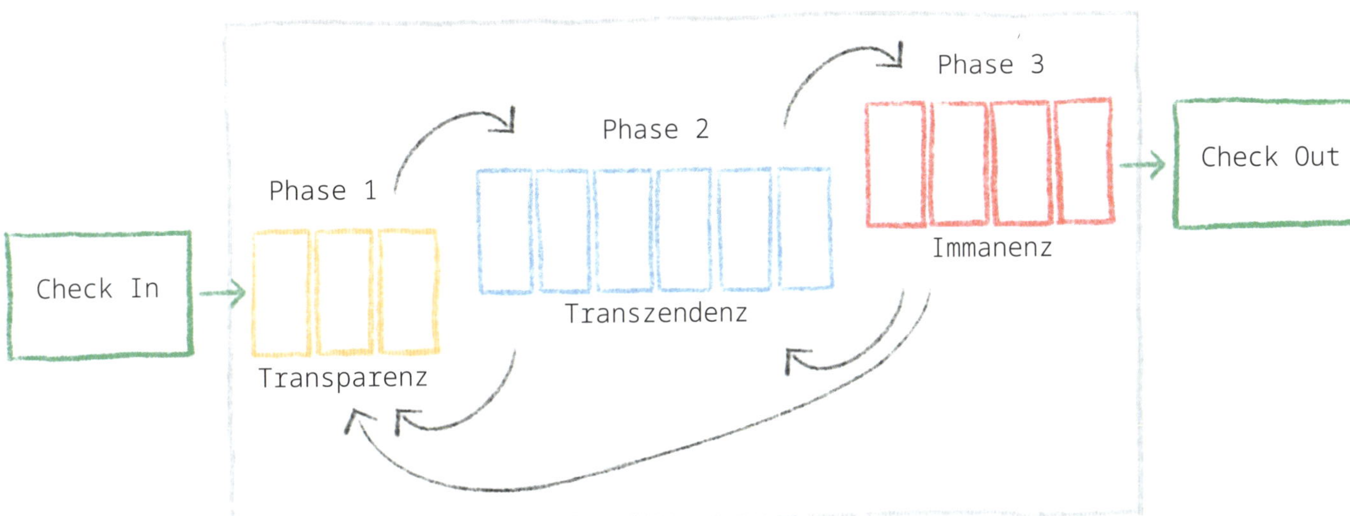

Eigenschaften des Impact Business Design

Das IBD ist ein systemisch-integrales Vorgehensmodell zur enkelfähigen Unternehmensentwicklung und vereint folgende Kern-Eigenschaften:

Zukunftsfähigkeit
Es sorgt für eine Weiterentwicklung von der Zukunft her und bindet dabei alle relevanten Stakeholder in den Aufbau und die Umsetzung ein.

Hebelwirkung
Es beschleunigt den Shift hin zur Enkelfähigkeit, die den Impact deiner Organisation auf die Ökosphäre verantwortungsvoll gestaltet.

Empowerment
Es bewegt Menschen für die Transformation und begeistert Sie für eine Impact First-Unternehmenskultur.

Adaptivität
Es bietet individuell nutzbare Bausteine, die sich flexibel an den Reifegrad bzw. das Bewusstsein deiner Organisation anpassen lassen.

Zirkularität
Es befähigt dich und dein Unternehmen zum systemischen und ganzheitlichen Denken, Fühlen und Handeln.

Die größte Entscheidung deines Lebens liegt darin, dass du dein Leben ändern kannst, indem du deine Geisteshaltung änderst.

Albert Schweizer

Die Phasen des Playbooks

1. Phase – Transparenz

Das Bedürfnis und die Fähigkeit deiner Organisation, sich selbst zu erhalten und sich an die Außenwelt anzupassen, führt dich auf eine Reise der substanziellen Entwicklung deiner Organisation. In der ersten Phase geht es darum, die richtige Einstellung für diesen Prozess zu finden. Systemiker, wie Peter Kruse betrachten Organisationen als komplexe und stabile Systeme und unterstellen, dass ihre zielgerichtete Steuerung durch Regelvorgänge möglich ist. Stabile Zustände sind erstrebenswert, da sie am wenigsten Energie verbrauchen und zu höchster Effizienz führen. Doch um langfristig überleben zu können, ist eine stetige Anpassung an die Umwelt und damit das Verlassen der Stabilität nötig. Kurt Lewin nennt diese Phase „un-freezing".

Ziel ist es, von einem stabilen Zustand zu **einem neuen stabilen Zustand auf einem höheren Niveau** zu gelangen. Dieser Prozess liegt in deiner Verantwortung: das Aufbrechen der aktuellen Stabilität, die Vorstellung des zukünftigen Stabilitätsniveaus und die Gestaltung des Weges dorthin.

Wichtig ist, dir bewusst zu machen, was auf dich, deine Mitgestalter und die Organisation zukommt. Euch erwarten neue Denk-, Fühl- und Handlungsmuster, also sehr viel Unbekanntes. Je besser ihr euch darauf vorbereitet, insbesondere auf mögliche Widrigkeiten und Widerstände, desto leichter wird euch der Weg erscheinen und desto größer sind die Chancen, das Ziel zu erreichen.

Dieser Entwicklungsprozess ähnelt unserer natürlichen Schrittbewegung von einem Standbein zum nächsten. Das Stehen auf einem Bein führt zu Instabilität, erfordert mehr Energie und birgt Sturzgefahr.

In der Phase der Transparenz bereitest du dich mit deinen Gefährten auf diese Reise vor. Sie wird dir und deiner Organisation jede Menge Lernchancen und Möglichkeitsräume eröffnen. Bandura beschreibt das Lernen anhand von vier Phasen. In der Phase der Transparenz machst du dich auf die Reise von der **unbewussten Inkompetenz** in die **bewusste Inkompetenz**. Dabei ist dir noch nicht klar, was du über dich, deine Kolleginnen und Kollegen sowie deine Organisation lernen wirst. Es ist eine Reise, die dich in deiner Haltung und deinem Verhalten verändern wird. Daher ist wichtig, dass du die richtige Einstellung dazu findest: Neugierde, Optimismus und Lernbereitschaft. Stell dir ein Kind vor, vielleicht dein eigenes, wie es unvoreingenommen, spielerisch und mit Freude unbekannte Dinge erkundet. Mach dich auf deine eigene Entdeckungsreise.

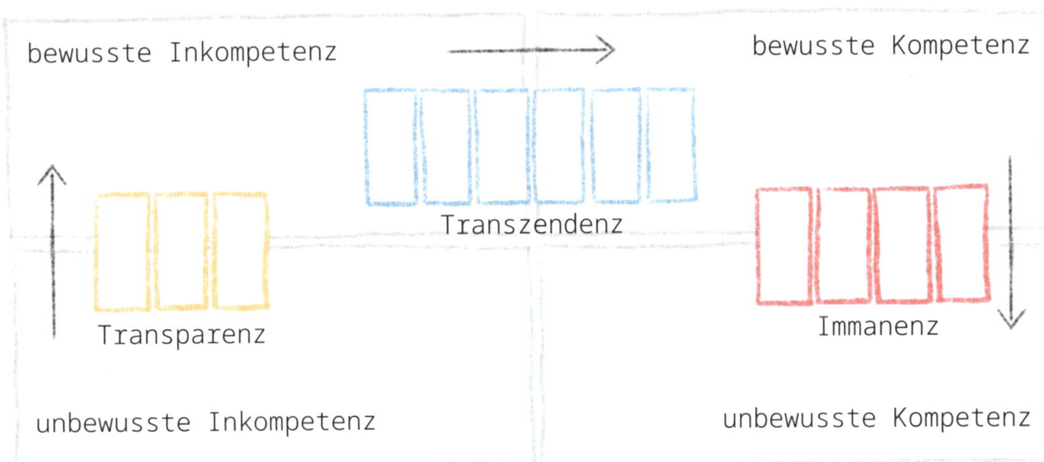

Die erste Phase – Transparenz besteht aus **drei Schritten:**

Schritt 1: Why
Warum und wofür wollen wir diese Reise antreten

Schritt 2: What
Was wollen wir entwickeln und neu designen

Schritt 3: How
Wie wollen wir die Reise angehen

Mit der richtigen mentalen Vorbereitung und den richtigen Gefährten schöpft ihr das Potenzial eurer Organisation voll aus.

2. Phase – Transzendenz

In der zweiten Phase beginnt die Reise zu einer neuen Einstellungs- und Verhaltensebene. Kurt Lewin nennt diese Phase „moving". Bandura spricht von der Phase **bewussten Inkompetenz** zur **bewussten Kompetenz**. Hier findet der Mind- und Habit-Shift statt. Du verlässt mit deinen Gefährten die stabilen Pfade der Organisation und wagst den Schritt in die Instabilität. Dabei entscheidet ihr, wie viel Zeit und Energie ihr in die „Vermessung" der Organisation investiert und welches Transzendenz-Niveau ihr erreichen wollt.

Wenn du beginnst, den Weg zu gehen, dann erscheint der Weg.

Rumi

In dieser Phase wird vieles ins Wanken geraten, es werden unterschiedliche Spannungen auftreten. Ziel ist es, die relevanten Spannungen zu erkennen und aufzulösen. Spannung beschreibt die Diskrepanz zwischen dem, wo man ist, und dem, wo man sein will. Um Spannungen aufzulösen, braucht es Aktivitäten, die Klarheit und Orientierung schaffen. Dank der guten Vorbereitung in Phase I wird diese Instabilität neue Kreativität und Potenziale freisetzen. Mit kollektiver Intelligenz und Tatkraft könnt ihr die richtigen Aktivitäten zur richtigen Zeit entwickeln und umsetzen. Aktivitäten sind vergleichbar mit Eingriffen in den menschlichen Organismus. Auch hier geht es darum, die Eingriffe minimalinvasiv durchzuführen, um die Instabilität – zum Beispiel des Herz-Kreislauf-Systems – so gering wie möglich zu halten.

Mit zunehmender Transzendenz in deiner Organisation entstehen neue Realitäten und Möglichkeiten. Mit der Veränderung deiner Organisation verändert sich auch automatisch das Umfeld, **du erzeugst Resonanz.** In dieser Phase erfährst du, was Einstein so formulierte: „Probleme kann man nie mit derselben Denkweise lösen, durch die sie entstanden sind."

Die zweite Phase – Transzendenz besteht aus **sechs Schritten:**

Schritt 4: Phasencheck
Wo stehen wir

Schritt 5: Qualitative Betrachtung
Wo kommen wir her

Schritt 6: Quantitative Betrachtung
Wo kommen wir her; wo wollen wir hin

Schritt 7: Qualitative Betrachtung
Wo wollen wir hin

Schritt 8: Gap-Analyse
Welche Spannungen stellen wir fest

Schritt 9: Impact Maßnahmen
Umsetzung der Interventionen

Gemeinsam erweitert und überschreitet ihr bisherige Grenzen. Ihr verlasst eure Komfortzone und fordert euch selbst heraus. Dieser Prozess setzt Endorphine frei, die ihr in Handlungsenergie umsetzt.

Ein neues - enkelfähiges - Level ist erreicht.

3. Phase – Immanenz

Wie Yin und Yang sind Transzendenz und Immanenz zwei Seiten derselben Medaille. Sie sind gegensätzlich, aber immer als Einheit zu verstehen. In dieser Phase geht es darum, die Entwicklungen aus der zweiten Phase der Transzendenz zu verinnerlichen und harmonisch in den Unternehmensalltag zu integrieren. Das geschieht durch ständige Wiederholung des Denkens, Fühlens und Handelns. Lewin nennt diese Phase „**re-freeezing**“. Bandura beschreibt diese Entwicklung als Phase von der **bewussten Kompetenz** zur **unbewussten Kompetenz.**

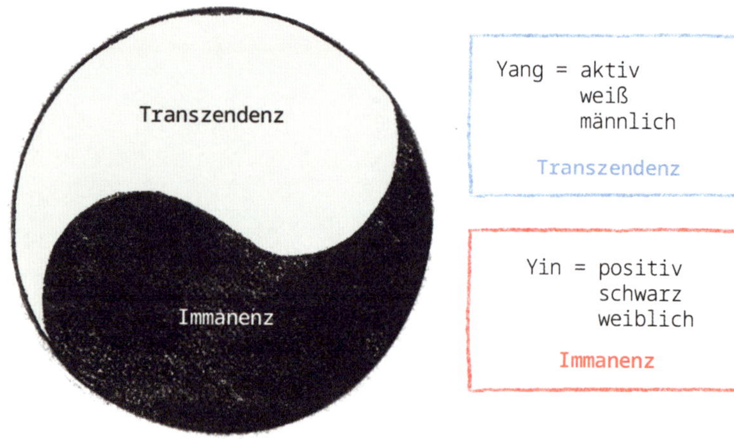

Deine Organisation durchläuft eine ständige Wiederholung der neuen Muster in Richtung Energiesparmodus und schaltet häufiger auf Autopilot. Diese Reifung braucht Zeit. Die in der Transzendenz erworbenen Denk-, Fühl- und Handlungsmuster manifestieren sich in der Immanenz, werden automatisiert und verankern sich im kollektiven Unterbewusstsein deiner Organisation. Diese gewinnt wieder an Stabilität und Festigkeit, ein Gleichgewicht auf höherem Niveau stellt sich ein. Die Spannungen aus der Transzendenz haben sich aufgelöst. Die Energie im System kann wieder frei fließen. Ihr befindet euch nun in der Potenzialentfaltung.

Diese Vorgänge kennen wir auch vom menschlichen Organismus. Wenn wir etwas oft genug wiederholen, wird es zum Automatismus, ohne dass unser Gehirn viel dafür tun muss. Oder hast du heute darüber nachgedacht, wie du deine Zähne putzt oder mit welchem Arm du deine Jacke zuerst anziehst?

Die dritte Phase – Immanenz besteht aus **vier Schritten:**

Schritt 10: Check
Reflexion und Resonanz

Schritt 11: Temper
Rückhaltekräfte umlenken

Schritt 12: Learn
Was haben wir gelernt

Schritt 13: Celebrate
Erfolge feiern

Ihr gebt der Organisation die Zeit, die sie braucht, um das Erreichte zu sichern. Durch die konsequente Anwendung stabilisieren sich die neuen Denk-, Fühl- und Handlungsmuster im kollektiven Unterbewusstsein eurer Organisation.

Ihr wertschätzt das Erreichte und zeigt es auch!

Angesichts dessen, was ihr jetzt erreicht habt, würde Seneca fragen: „Ist das der Gipfel oder nur eine Stufe?“ Nach den 13 Schritten fragt ihr euch, wann es Zeit für die nächste Stufe ist. Wenn der richtige Zeitpunkt gekommen ist, prüft ihr erneut die Spannung zwischen dem, was ist, und dem, was sein soll.

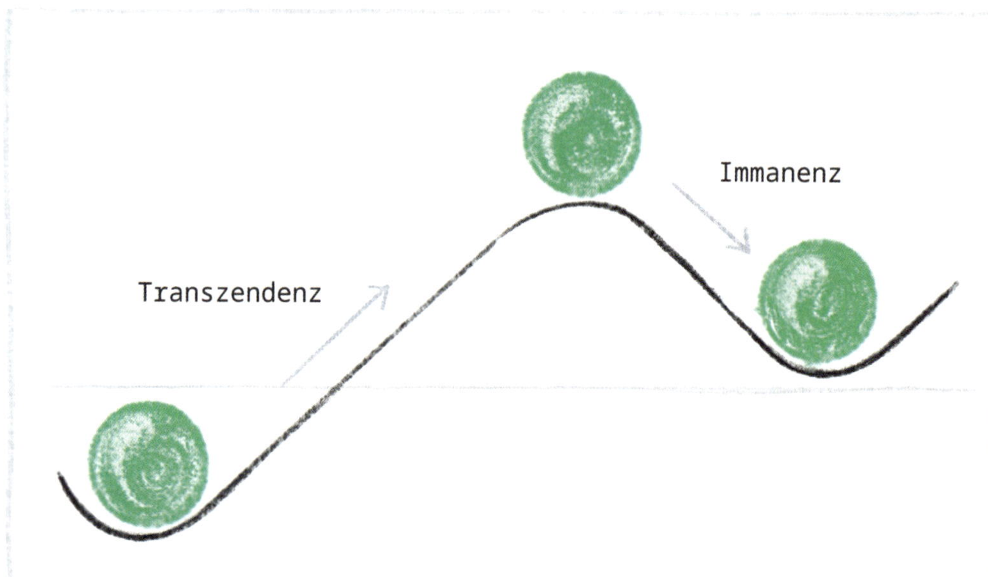

Die Zukunft ist etwas,
das die meisten Menschen erst lieben,
wenn es Vergangenheit geworden ist.

William Somerset Maugham

Narrative

Die Reise entlang der 13 Schritte lässt sich auch mit Narrativen beschreiben. Narrative sind systematische, sinnstiftende Erzählungen. Sie transportieren den künftigen Fokus. „Denn nur was erzählbar, vermittelbar, argumentierbar ist, kann realisiert werden, kann Vertrauen stiften und eine überzeugende Strahlkraft entwickeln" (Fischer-Appelt). Dieses Playbook haben wir unter folgendes Leitnarrativ gestellt:

Nur wer seine Grenzen überschreitet,

kann neue Grenzen definieren.

Die drei Phasen und ihre Narrative:

1. Phase - Transparenz
Vorbereitung auf Grenzüberschreitungen

2. Phase - Transzendenz
Übergang auf ein neues Level

3. Phase - Immanenz
Stabilität auf neuem Level

Das Impact Business Oszillogramm

Das Impact Business Oszillogramm (IBO) ist ein systemisch-integrales Organisationsmodell. Es lehnt sich an Ausführungen von Stefan Tewes und sein Buch „Geschäftsmodelle in die Zukunft denken" an. Zu Beginn ist es wichtig festzulegen, mit welchem System du arbeitest. Denn jedes System hat seine eigenen Systemgrenzen, Dynamiken sowie Steuerungs- und Regelungsmechanismen.

Häufig verwendete Begriffe in diesem Zusammenhang sind: System, Organisation, Firma, Corporate oder Unternehmen. Meist sind die Begriffe nicht trennscharf und werden synonym verwendet.

Das IBO legt den Fokus auf drei Analyseebenen: Makro-, Meso- und Mikroebene. Die Wechselwirkungen zwischen diesen Ebenen sind dynamisch, das bedeutet sie oszillieren und zirkulieren. In diesen drei Ebenen betrachten wir das Unternehmen und seine Umwelt.

Aufbau des Impact Business Oszillogramms

Makroebene - Transitionshebel
Sie beschreiben die Transformation von Energie im Impact Business Oszillogramm. Die oberste Ebene besteht aus drei Transitionshebeln:

Antriebshebel
Worauf das Unternehmen seine Energie richtet

Potenzialhebel
Woraus das Unternehmen seine Energie schöpft

Werthebel
Wie das Unternehmen seine Energie in Wert transformiert

Aufbau des Impact Business Oszillogramms

Mesoebene - Subhebel
Sie sind die Kraftwandler der Transformation im Impact Business Oszillogramm. Die sieben Subhebel konkretisieren die Transitionshebel. Ihre Abfolge ist oszillierend, das heißt im stetigen Wechsel innerhalb und außerhalb der Organisation:

I. Äußerer Antrieb

II. Innerer Antrieb

III. Markt & Kunde

IV. Organisation

V. Ökosystem

VI. Wert

VII. Resonanz

Aufbau des Impact Business Oszillogramms

Mikroebene - Elemente
Diese Ebene stellt die stärkste Fokussierung im Impact Business Oszillogramm dar. Sie konkretisiert die Subhebel im Detail und besteht aus drei bis fünf Elementen:

I. **Äußerer Antrieb**
Natur, Mensch und Gesellschaft

II. **Innerer Antrieb**
Purpose, Mission, Vision, Strategie und Ziele

III. **Markt & Kunde**
Wirtschaft, Trends, Marktangebote, Kunden und Konsumenten

IV. **Organisation**
Struktur, Prozesse, Mitarbeitende, Verhalten und Kultur

V. **Ökosystem**
Partner, Zulieferer und Mitbewerber

VI. **Wert**
Output, Problemlösung und Wertangebot

VII. **Resonanz**
Kernbotschaft, Marke, Wirkung und Feedback

Die einzelnen Systemelemente stehen durch Kopplungen miteinander in Wechselwirkung. Diese Vernetzungen können zu dynamischen Phänomenen und Veränderungen im System führen. Die Rückkopplungseffekte machen eine langfristige Vorhersagbarkeit komplexer Systeme unmöglich. Die Veränderung von Systemen kann in zwei Richtungen erfolgen: positiv oder negativ. Von positiven Rückkopplungen spricht man, wenn sich Phänomene in einem System in ihrer Dynamik aufschaukeln. Es entsteht ein Schneeballeffekt. Wir kennen diese Effekte aus Konflikten, wo ein Wort das andere gibt und sich die Spirale immer schneller dreht. Negative Rückkopplungen treten auf, wenn Eingriffe in das System die Phänomene abschwächen. Dies könnte in diesem Beispiel ein Mediator sein, der die beiden Konfliktparteien wieder in einen friedlichen Zustand führt.

Im Kontext von Impact Business Design betrachten wir zwei systemrelevante Kopplungsfaktoren: Kapital und Kommunikation. Mehr dazu später in der Phase der Transzendenz.

Der Impact Business Architect

In den 13 Schritten bieten wir dir verschiedenste Templates zur sofortigen Umsetzung an. Sie sollen dabei unterstützen, Erkenntnisse zu gewinnen und diese zu dokumentieren. Versteh die Templates als Angebot. Greif dir diejenigen heraus, die dir hilfreich erscheinen und ergänze sie gegebenenfalls mit eigenen Templates und Methoden.

Du findest diese Templates nach den Phasen und Schritten des Playbooks geordnet in einem Miro Board.

Wir nennen die Toolbox **Impact Business Architect:**

bit.ly/impactbusiness-architect

Der Impact Profiler

Der Impact Profiler typisiert Organisationen in sieben Farben, die jeweils für erkennbare Denk-, Fühl- und Handlungsweisen stehen. Dieses Tool haben wir gemeinsam mit Profile Dynamics entwickelt, die seit fast 20 Jahren mit der Theorie von Graves und der Weiterentwicklung von Beck zu Spiral Dynamics arbeiten.
Die Messung der Organisationsmuster ist eine innovative Weiterentwicklung. Sie misst die Treiber und Werte der Organisation und bietet eine profunde Grundlage für Entwicklung und Wachstum.

Türkis: Ganzheitlichkeit, Allverbundenheit, Spiritualität

Gelb: Freiheit, Kreativität, Innovation

Grün: Harmonie, Sozialgefühl, Gruppengefühl

Orange: Ergebnisse, Gewinn, Zielstrebigkeit

Blau: Ordnung, Struktur, Zuverlässigkeit

Rot: Tatkraft, Macht, Tempo

Lila: Sicherheit, Geborgenheit, Loyalität

Literatur

Bandura, Albert (1925 – 2021) forschte und lehrte zu Fragen des Lernens und der Selbstentwicklung.

Fischer-Appelt, B. (2022). Storyverse Playbook. Finde die Geschichten, die alles verändern, Murmann, Hamburg.

Kruse, Peter (1955 – 2015) beschäftigte sich mit Komplexitätsfragen in Organisationen und Gesellschaften.

Lewin, Kurt (1890 – 1947) erforschte soziale Systeme, um sie zielgerichtet zu verändern.

Tewes, S., Niestroy, B. (2020) Geschäftsmodelle in die Zukunft denken, Springer Gabler, Wiesbaden.

Transparenz

Einleitung

Auch die längste Reise beginnt mit dem ersten Schritt, sagt ein chinesisches Sprichwort. Dieser Schritt sollte gut überlegt sein und im Idealfall in die richtige Richtung führen. Damit das gelingt, möchten wir dich gut auf deine Reise vorbereiten.

Du hast dir sicher schon einige Gedanken gemacht. Jeder Gedanke, der in uns entsteht, erzeugt eine elektrische Ladung. Dabei läuft in Gehirn und Körper ein komplexer physiologischer Prozess ab. Wissenschaftliche Untersuchungen zeigen: Der Mensch hat etwa 60.000 bis 80.000 Gedanken pro Tag. Der meisten Gedanken verpuffen, nur wenige bleiben hängen, noch weniger werden in die Tat umgesetzt und von diesen wiederum sind nur wenige erfolgreich und nachhaltig.

Letztlich ist es genau dieser Gedanke, der in die Welt kommen will:

Was muss ich tun, damit mein Unternehmen auch in der übernächsten Generation noch im Spiel ist?

Hans Jonas spricht in seinem Buch „Das Prinzip Verantwortung" von einem „ökologischen und sozialen Imperativ": „Handle so, dass die Wirkungen deiner Handlung verträglich sind mit der Permanenz echten menschlichen Lebens auf Erden". Oder negativ ausgedrückt: „Handle so, dass die Wirkungen deiner Handlung nicht zerstörerisch sind für die künftigen Möglichkeiten solchen Lebens."

In der Transparenz durchläufst du den Impact Circle. Dieser lehnt sich an den Golden Circle von Simon Sinek an. Im Unterschied dazu differenziert der Impact Circle beim Why und fragt nach dem Warum und vor allem nach dem Wofür.

Impact Circle

Der Impact Circle sind vier konzentrische Kreise, die von innen nach außen wirken.

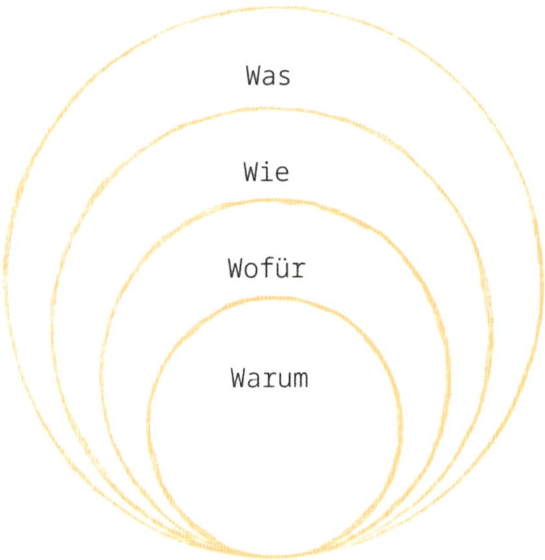

Why
Warum machen wir es?
Wofür ist es wichtig?

How
Wie willst du dein Ziel erreichen?

What
Was ist dein Ziel und was tust du,
um es zu erreichen?

Transparenz

Wer ein WARUM zum Leben hat, erträgt fast jedes WIE!

Friedrich Nietzsche

Schritt 1: Why

Zielsetzung

Die Beantwortung der Why-Fragen und das Klären der Motive soll dir und deinen Gefährten die innere Stärke geben, die ihr für eine Reise voller Hindernisse braucht. **Mit dem richtigen Antrieb sorgt ihr für Auftrieb**, damit die Transformation gelingt. Nur durch intrinsische Motivation bekommt ihr die nötige Luft unter die Flügel. Auf dieser Reise werdet ihr Grenzen überschreiten und neue definieren. Eines ist sicher: Der Prozess ist irreversibel. Ihr werdet nie wieder dort landen, wo ihr gestartet seid.

Ein weiteres methodisches Element ist die Hypothesenbildung: Ihr stellt Annahmen auf, für die es heute noch keine Gewissheit gibt. Im Laufe des Prozesses überprüft ihr sie, um sie zu bestätigen oder zu verwerfen.

Impact Business Design ermöglicht dir, deinen Mitstreitern und deiner Organisation als soziales System neue Sinnerfahrungen und die Stärkung eurer **Resilienz**.

Beschreibung der Templates

Das Why aus dem Impact Circle – Warum?

Der erste Teil von Why fragt nach dem Warum. Warum-Fragen neigen dazu, reaktiv zu sein und können uns in die Defensive bringen und Regression fördern. Warum legt den Fokus auf ein „weg von" etwas. Doch auch das ist eine wertvolle Sichtweise, weil sie die Probleme aufzeigt, die uns dazu bringen können, die Transition anzugehen. Die Frage nach dem Warum schafft eine Markierung „wovon wir wegwollen" und gibt damit Orientierung „wohin wir wollen".

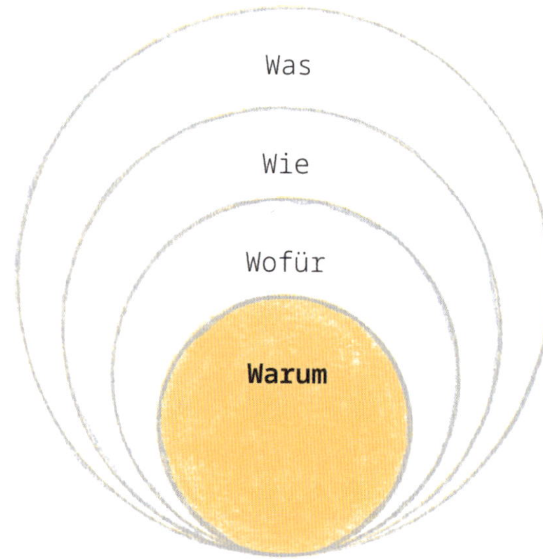

Impact Circle – Warum

- [ ] **Warum wollen wir als Organisation diese Reise antreten?**
- [ ] **Was ist das Kernproblem, das gelöst werden muss?**
- [ ] **Was wollen wir hinter uns lassen?**

Das Why aus dem Impact Circle - Wofür?

Der zweite Teil von Why fragt nach dem Wofür. Er führt gedanklich in die Zukunft und bringt dich in den Modus der Lösungsorientierung. Das öffnet die Köpfe und setzt Kreativität und Gestaltungspotenzial frei. Progression, Wachstum und Entwicklung werden möglich. Das Wofür stellt das „hin zu" in den Mittelpunkt.

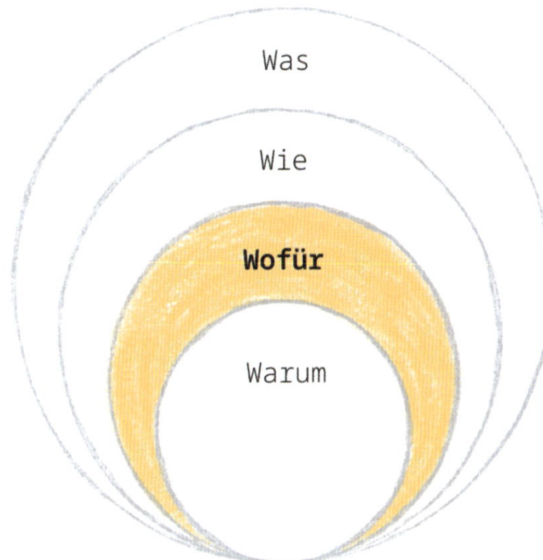

Impact Circle - Wofür

- [ ] Wofür wollen wir diese Reise antreten?
- [ ] Was wollen wir anders machen?
- [ ] Welche Zukunftsfrage möchtest du beantworten?

Motive

Motive sind Beweggründe, die uns dazu veranlassen, eine bestimmte Bereitschaft zu zeigen. Sie basieren auf der Energie und Kraft, die wir benötigen, um Ziele zu erreichen. Die Motive für ein bestimmtes Verhalten sind uns nicht immer bewusst. Indem wir sie uns vor Augen führen, konzentrieren wir uns auf unser erwünschtes Verhalten und damit auf erwünschte Ergebnisse. Unsere Vorstellungskraft wird angeregt.

Motive

- [ ] Was motiviert mich persönlich, diese Reise anzutreten?
- [ ] Was bewegt meine Gefährten, diese Reise anzutreten?
- [ ] Wie stimmig sind unsere Motive?
- [ ] Wo haben wir divergierende Motive und wie gehen wir damit um?

Hypothesen

Die Hypothesenbildung hat sich nicht nur in der Wissenschaft, sondern auch in der Produktentwicklung bewährt. Hypothesen sind etwas, das wir annehmen, ohne es sicher zu wissen. Wir bilden ständig Hypothesen, ohne uns dessen in der Regel bewusst zu sein. Wichtig ist, dass ihr relevante Hypothesen zu eurer Zukunftsfrage sammelt. Zu einem späteren Zeitpunkt eurer Reise (in Schritt 11) werdet ihr mehr darüber wissen und über die getroffenen Annahmen nachdenken. Dabei werden die zu Beginn aufgestellten Hypothesen entweder bestätigt, erhärtet oder widerlegt.

Hypothesen

- [ ] **Welche Hypothesen haben wir zu Beginn der Reise?**
- [ ] **Wie interpretieren wir diese Hypothesen?**
- [ ] **Welche Konsequenzen ergeben sich aus diesen Hypothesen zu Beginn der Reise?**

Deep Dive

Start with why! Selten trifft diese Aussage von Simon Sinek mehr zu als bei einem Vorhaben wie diesem. Es erfordert viel Aufmerksamkeit, Energie und Ressourcen. Der Designprozess birgt unglaubliche Chancen, aber auch existenzielle Risiken. Überlege dir also genau, warum du dieses Projekt in Angriff nehmen willst. Jetzt geht es um Inspiration, in den nächsten Schritten auch um Transpiration. Oder anders gesagt: Nur wenn ihr euch über euer Wofür im Klaren seid, könnt ihr euer Potenzial voll ausschöpfen und andere begeistern. Der innere Funke sorgt für das Feuer – und zwar in den Menschen, nicht zwischen oder unter ihnen.

Unser Gehirn verfügt über eine Vielzahl von Funktionen, die unser Überleben als Spezies sichern. Eine Eigenschaft ragt dabei heraust: Die Suche nach Sinn! Als sinnsuchendes Organ will es verstehen, warum etwas so ist, wie es ist und wozu es gut sein soll. Versteht und akzeptiert das Gehirn den Sinn dahinter, belohnt es sich selbst mit guten Gefühlen, schickt entsprechende Botenstoffe aus und gibt uns Energie. Das Gehirn will auch verstehen, warum sich etwas ändern soll. Versteht und akzeptiert es den Sinn dahinter nicht, produziert es Widerstand und schüttet Stresshormone aus. Je klarer dein Ja zu dieser Reise ist, desto stärker wird deine Resilienz. Dein inneres Immunsystem wird robuster und die Wahrscheinlichkeit steigt, dass du aufkommende äußere Widerstände überwinden kannst.

Der Arzt und Psychologe, Viktor E. Frankl hat sich intensiv mit dem Thema Sinn beschäftigt. Als Überlebender von vier Konzentrationslagern ist er ein Vorbild für Resilienz und Sinnerfahrung. Er betont, dass jeder Mensch seinem Leben einen Sinn geben kann, unabhängig davon, was er tut. Entscheidend sei, wie er seinen Platz ausfüllt. Nicht die Größe des Aktionsradius zählt, sondern ob der Kreis gefüllt und das Leben erfüllt sei.

Das Why (und auch das How) spricht übrigens das limbische System unseres Gehirns an. Dieses ist für unsere Gefühle und Emotionen zuständig und bildet das emotionale Erfahrungsgedächtnis. Der Teil des Gehirns, der für die Sprache zuständig ist, heißt Neocortex. Dort ist das What angesiedelt.

Transparenz

Unsere Art, wie wir Dinge tun, beeinflusst,
wer wir sind und wer wir werden.

Aristoteles

2. Schritt: How

Zielsetzung

Mit der Beantwortung der How-Fragen bereitest du dich mit deinen Gefährten auf das Tun vor. Dies ist umso wichtiger, da ihr während der Transition euer Verhalten und eure Einstellungen ändern werdet. Das How muss mit dem Why übereinstimmen.

In der Verhaltensökonomie spricht man von „Belief Updates". Diese Updates wollen Menschen bei ihren Vorbildern oder Führungskräften sehen, wenn es um die Konsistenz von Handlungen geht. Mögliche Widersprüche zwischen Haltung und Verhalten werden von euren Zielgruppen entlarvt und gefährden das Ziel. Nur durch konsequentes Handeln begeistert ihr die Menschen und gebt ihnen die Orientierung, die in der Transformation so wichtig ist.

Impact Business Design ist ein systemisches Vorgehen, das dir dabei hilft, das How Schritt für Schritt zu gestalten.

Beschreibung der Templates

Das How im Impact Circle

Das How beschreibt wichtige Rahmenbedingungen für euer Vorhaben. Überlegt euch, ob ihr diesem Transitionsprozess einen Namen gebt: ein Baustein für Klarheit in der Kommunikation.

Wichtig ist nun, wie ihr das Ziel erreichen wollt und wen ihr organisatorisch in diesen Prozess einbindet. Diese Frage ist in hohem Maße erfolgskritisch, da ihr die Reise parallel zu eurem Tagesgeschäft unternehmt – Der Verkauf geht trotz Umbau weiter. So stellt ihr sicher, dass die Transition die nötige Energie und Aufmerksamkeit bekommt.

Denkt daran, dass die ausgewählten Personen den Prozess und das Ergebnis dieser Transition maßgeblich beeinflussen. Neben den Kompetenzen, die dafür erforderlich sind, spielen die Persönlichkeit sowie die Organisationskenntnis eine wichtige Rolle.

Die Kommunikation ist ein wesentlicher Bestandteil dieses Transformationsprozesses. Nehmt euch dafür die nötige Zeit. So stellt ihr ausreichende Transparenz und den Austausch mit allen relevanten Stakeholdern sicher.

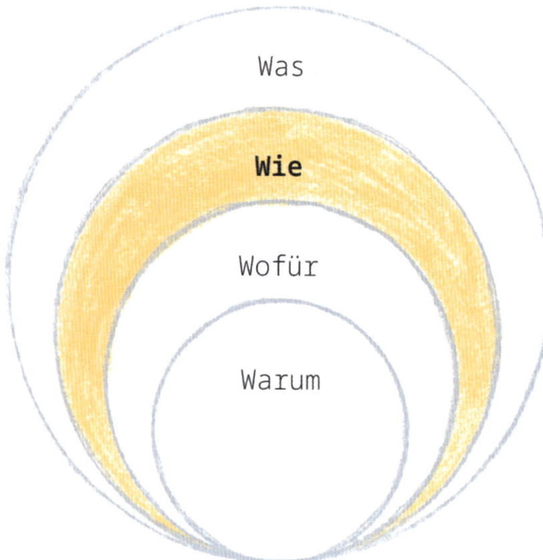

Impact Circle - Wie

- [ ] **Wen wollen wir wann und wie in den Prozess einbinden?**
- [ ] **Wie wollen wir den Entscheidungsprozess gestalten?**
- [ ] **Wie wollen wir die Kommunikation in beide Richtungen gestalten?**

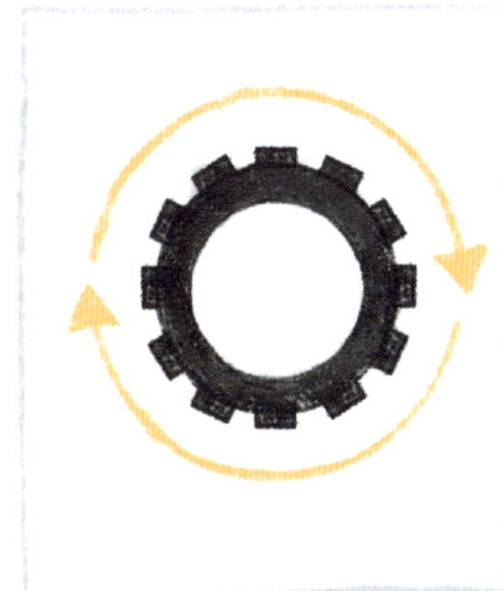

Die nachfolgenden Templates helfen dir bei der Beantwortung der Fragen.

Stakeholder Mapping

Wen wollen wir wann und wie in den Prozess einbinden?

Das Template Stakeholder Mapping hilft dir, die Stakeholder für eure Impact First Reise methodisch zu erfassen und zu strukturieren. Es beschreibt einen visuellen Prozess, um alle Beteiligten in einer Gesamtübersicht darzustellen, zur richtigen Zeit einzubeziehen, richtig zu kommunizieren und die richtigen Schlüsse daraus zu ziehen.

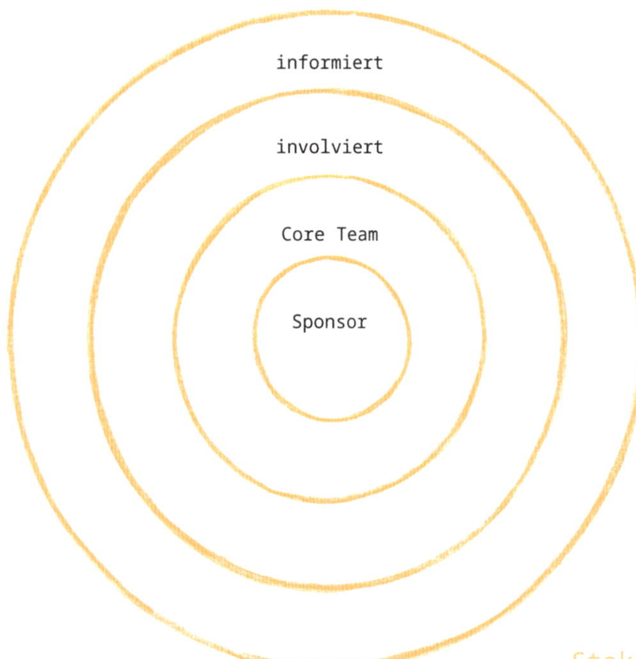

Stakeholder Mapping

So gehst du beim Stakeholder Mapping vor:

1. Stakeholder-Beschreibung
Welche Stakeholder sind an diesem Transitionsprojekt beteiligt?
Stakeholder-Systeme könnten sein:

a. Steering System: Wer trägt für was die Verantwortung? Wer stellt die Mittel für das Projekt bereit?
b. Sounding System: Wer ist (temporär) in das Projekt einbezogen? Wer ist Meinungsführer? Wessen Input ist zwingend?
c. Working System: Wer ist für welchen Umsetzungsabschnitt verantwortlich? Wer arbeitet operativ an dem Projekt mit?
d. Networking System: Wer wird außerhalb des Systems benötigt, um das Projekt zu realisieren? Wer kann jemanden in einem anderen System beeinflussen?
e. Affected System: Wer ist von dem Projekt betroffen? Wer kann etwas gewinnen bzw. verlieren? Wer kann das Projekt blockieren?

2. Stakeholder-Bedeutung

a. Wer steht positiv zum Projekt und ist Enabler?
b. Wer ist bedingt kooperativ, verhindert nicht, will aber noch überzeugt werden?
c. Wer ist skeptisch und möglicherweise regressiv?

3. Stakeholder-Bedürfnisse

a. Was sagen, denken, fühlen und tun diese Stakeholder heute in Bezug auf diese Transformation, ihren Zweck und ihre Konsequenzen?
b. Was sollen die Stakeholder zukünftig in Bezug auf die Transformation, ihren Zweck und die Konsequenzen sagen, denken, fühlen und tun?

4. **Stakeholder-Kommunikation**
   a. Welche Kernbotschaften haben wir für die unterschiedlichen Stakeholder in Bezug auf das Transitionsprojekt?

      Die Kernbotschaft ist ein spezifisches Versprechen, bezieht sich immer auf den Stakeholder und enthält einen eindeutigen Nutzen. Sie hilft, das Mindset zu verändern, um das höhere Ziel der Transformation zu erreichen.

5. **Stakeholder-Zuordnung**
   Welche Stakeholder gehören zu welchem Kreis?
   a. Sponsor: Verantwortlich für das Impact First-Projekt.
   b. Core Team: Arbeiten Vollzeit im Projekt (z.B. Projektsteuerung, Projektmanagement, Projektteam).
   c. Involviert: Liefern regelmäßig Input oder helfen, die Arbeit voranzutreiben, aber das Projekt ist nicht ihr einziger Fokus.
   d. Informiert: Wollen auf dem Laufenden bleiben und bei Bedarf Feedback/Input geben.

Das Stakeholder Mapping kann sich im Laufe des Prozesses ändern. Neue Personen können hinzukommen oder wegfallen. Rollen können sich ändern. Nutze die Map als agiles Instrument, das du bei Veränderungen anpasst, um immer einen Überblick über das System und die Stakeholder im Prozess zu haben.

Handlungsmaximen

Wie wollen wir den Entscheidungsprozess gestalten?

Handlungsmaximen beschreiben Prinzipien, die unser Handeln bestimmen sollen. Konkret geht es hier um den Handlungsrahmen für die Akteure der anstehenden Transition. Sie werden aus einer Reihe möglicher Handlungsmaximen ausgewählt und vereinbart.

Dabei gehst du wie folgt vor:

1. Schritt: Sammlung
Sammelt die Handlungsmaximen, die euch einfallen bzw. mit denen ihr bereits gute Erfahrungen gemacht habt (z.B. transparent, offen, human zentriert, locker, reflektierend...)

2. Schritt: Beschreibung und Relevanz
Entwickelt ein gemeinsames Verständnis der gesammelten Handlungsmaximen. Diskutiert die besondere Bedeutung der Handlungsmaximen für diese Transition.

3. Schritt: Rangreihe
Bringt eure Handlungsmaximen in eine Rangfolge von „hoch" bis „auch wichtig".

4. Schritt: Wenn-Dann-Pläne
Sammelt für die Handlungsmaximen Kontexte, in denen sie zur Anwendung kommen. Beschreibt „Wenn-Dann-Pläne": Wenn ... (diese Situation eintritt), dann ... (handeln wir wie folgt). Ein Beispiel für Pünktlichkeit: „Wenn wir einen Termin vereinbart haben, dann verpflichten wir uns, zur vereinbarten Zeit anwesend zu sein und pünktlich zu beginnen, unabhängig davon, wer fehlt."

Kommunikationsdesign

Wie wollen wir die Kommunikation in beide Richtungen gestalten?

Wenn ihr das Stakeholder Mapping ausgearbeitet habt, kennt ihr die für die Transition relevanten Stakeholder und habt bereits die Kernbotschaften zielgruppengerecht definiert. Im Kommunikationsdesign bereitet ihr euch auf den Dialog mit den Stakeholdern vor. Ihr legt eure Kommunikationskanäle fest, für welche Stakeholder ihr welche Kanäle nutzt und wie ihr mit möglichen Einwänden umgeht.

Die Kommunikationskanäle sind die Medien, die ihr nutzt, um eure Botschaften an die Zielgruppen zu bringen und Rückmeldungen zu erhalten. Nicht nur der einzelne Kanal, sondern der richtige Mix an Austauschplattformen spielt eine wichtige Rolle für eine erfolgreiche Kommunikation mit den Stakeholdern.

Die adäquate Einwandbehandlung ist für das „buy in" der Stakeholder von entscheidender Bedeutung. Neben der inhaltlichen Einwandbehandlung sind folgende Punkte zu beachten:

1. **Zuhören und ausreden lassen**
2. **Einwand verstehen**
3. **Einwand einordnen (welches Bedürfnis steckt dahinter?)**
4. **Angemessene Reaktion**

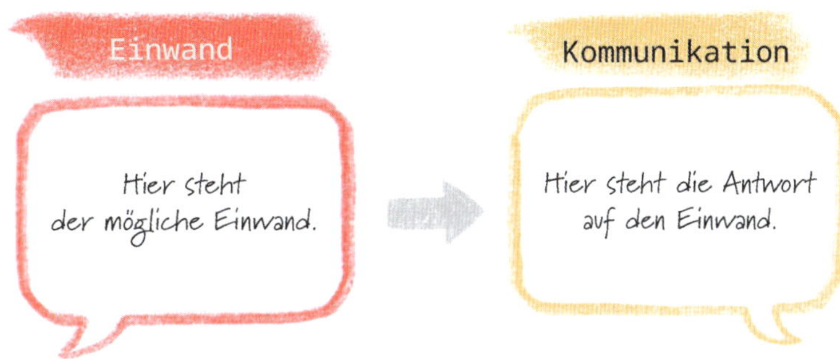

Einwandbehandlung

Dabei geht ihr wie folgt vor:

1. Schritt: Kommunikationskanäle
Sammelt die Kommunikationskanäle, die euch zur Verfügung stehen.
Priorisiert die Kanäle von „hoch" bis „irrelevant".

2. Schritt: Kommunikationskanäle der Stakeholder
Welche Kommunikationskanäle wollt ihr für die Stakeholder-Kommunikation nutzen?

3. Schritt: Einwandbehandlung
Beschreibt die denkbaren Einwände.
Formuliert wertschätzende und angemessene Antworten auf die Einwände.

Deep Dive

Fragt man beim Why nach dem Zweck oder Grund einer Handlung oder Entscheidung, so geht es beim How um die Schritte und Methoden, um ein Ziel zu erreichen. Wie setzen wir das Why um und wie wollen wir das tun, was wir tun?

Impact Business Design bietet euch einen Prozessvorschlag an, um das How in 13 Schritten durchzuführen.

Doch die Frage nach dem **Wie** reicht darüber hinaus. Im anstehenden Transitionsprozess geht es darum, wie der Wandel zu einer enkelfähigen Organisation erreicht werden soll. Die Gestaltung des Wie kann bereits einen großen Unterschied machen. Ihr werdet zum Vorbild für eure Organisation, indem ihr definiert, wie ihr künftig als Organisation zusammenarbeiten wollt, wie ihr das kollektive Potenzial der Organisation nutzt, wie ihr kommuniziert und wie ihr Entscheidungen trefft. Insbesondere im Wie bringt ihr eure Kultur als prägendes Merkmal zur Geltung.

A WHY is just a belief. That's all it is. HOWs are the actions you take to realize that belief.

Simon Sinek

Transparenz

What we think, we become.

Buddha

3. Schritt: What

Zielsetzung

Mit der Beantwortung der What-Fragen vollzieht ihr den Übergang von der Inspiration zur Transpiration. Jetzt sind eure kognitiven Fähigkeiten gefragt. Damit stellt ihr sicher, dass die Transition gelingt und ihr fokussiert bleibt.

Das What im Impact Business Design setzt den konkreten Rahmen für die anstehende Transzendenz und sorgt für Klarheit und Orientierung.

Erst grübeln, dann dübeln!

Die nachfolgenden Templates unterstützen euch dabei, das What vor Beginn eurer Reise umfassend festzulegen.

Beschreibung der Templates

Das What aus dem Impact Circle

Der äußerste Kreis des Impact Circle beschreibt das What. Es geht darum, den Rahmen der Transition abzustecken. Er bestimmt, was in der Transition Gegenstand der Veränderung ist – das System. Das bedeutet nicht, dass sich Teile außerhalb dieses Systems nicht auch verändern; sie sind nicht direkt Gegenstand der Transition, auch wenn sie mehr oder weniger beeinflusst werden oder sogar selbst das System beeinflussen. Während der Transition ist es sinnvoll, sich den Systemrahmen immer wieder ins kollektive Gedächtnis zu rufen. Es ist wichtig, die Konturen des Systems nicht zu verwässern und einen gemeinsamen Fokus über alle Phasen und Schritte hinweg beizubehalten.

Bevor ihr in die Phase der Transzendenz eintretet, solltet ihr euch mit den Widerständen beschäftigen, die euch auf dieser Reise begegnen könnten, um euch entsprechend darauf vorzubereiten.

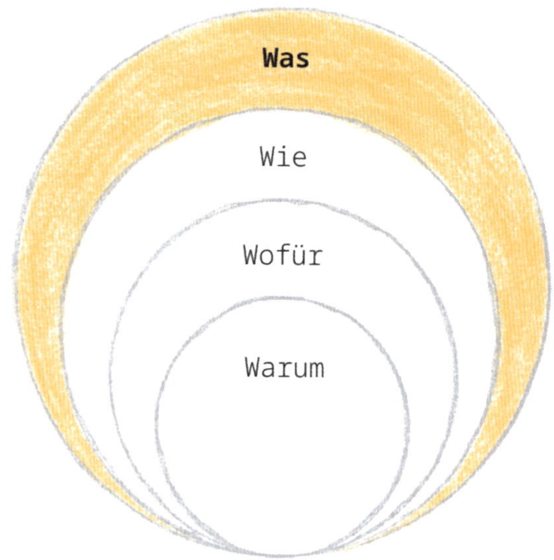

Impact Circle – Was

Folgende Festlegungen sind von euch zu treffen:

- [ ] **Was ist der Gegenstand unserer Betrachtung (Systemfestlegung)?**
- [ ] **Was wollen wir erreichen und wie können wir auftretende Hindernisse überwinden?**

Systemfestlegung

Was ist der Gegenstand unserer Betrachtung?

Die Festlegung des Systems und der Systemgrenze ist von entscheidender Bedeutung für das What. Jedes System unterscheidet sich von anderen Systemen durch seine eigene Identität. Um diese Identität zu erhalten oder gar zu entwickeln, muss es sich abgrenzen. Lösen sich diese Grenzen auf, ist die Lebensfähigkeit des Systems gefährdet. Die Systemgrenze unterscheidet und trennt die Innenwelt von der Außenwelt der Organisation. Mit der In-/Out-Festlegung wird der Betrachtungsgegenstand (Scope) für alle weiteren Aktionen und seine Abgrenzung zu anderen Systemen beschrieben.

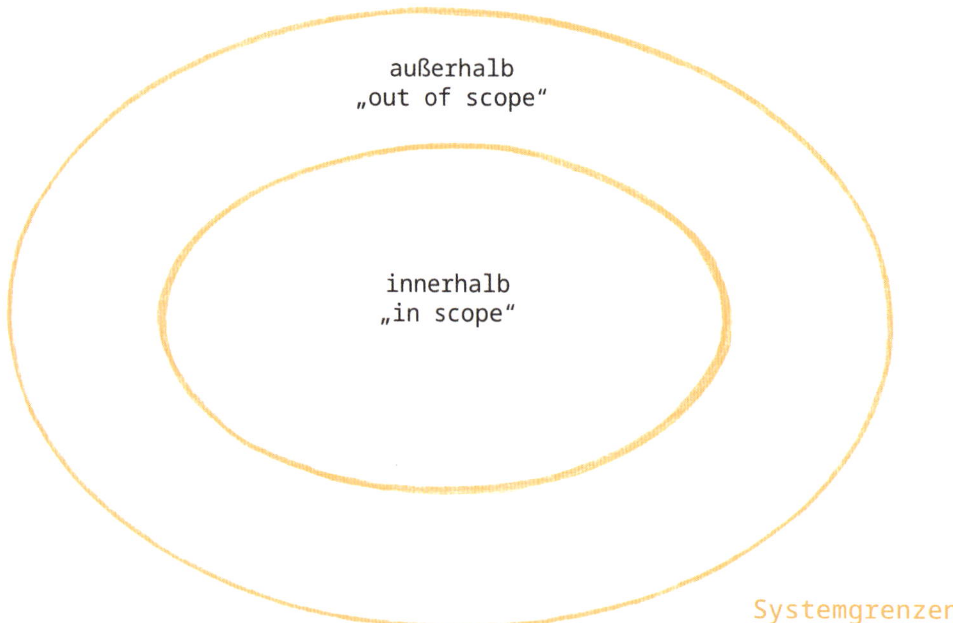

Geht dabei wie folgt vor:

1. Schritt: Systembestandteile
Sammelt alle denkbaren Bestandteile des Systems, das ihr betrachten wollt (Brainstorming).

2. Schritt: In-/Outrahmen
Ordnet alle Nennungen aus Schritt 1 diesen Kategorien zu:

a. Was gehört zu dem System? → innerhalb des Rahmens (zum Beispiel Teams, Abteilungen, Standorte, Marken)
b. Was gehört nicht zu dem System? → außerhalb des Rahmens (zum Beispiel Tochterfirmen, Beteiligungen, Niederlassungen)
c. Was ist unklar? → auf den Rahmen
Stellt sicher, dass ihr alle unklaren Bestandteile zugeordnet habt („in" oder „out"), bevor ihr mit dem nächsten Schritt beginnt.

3. Schritt: Systembezeichnung
Weist dem System eine eindeutige Bezeichnung zu. Falls noch nicht geschehen, gebt dem System jetzt einen unmissverständlichen Namen.

WOOP-Modell

Was könnte uns von der erfolgreichen Transition abhalten?

Der gesunde Menschenverstand sagt es uns, wissenschaftliche Forschungsergebnisse bestätigen es: Träume allein machen noch keine Wünsche wahr. Träume absorbieren die Energie, die für die Umsetzung nötig ist. Die Umsetzungsabsichten in den Blick zu nehmen, erhöht die Erfolgswahrscheinlichkeit deutlich. Das WOOP-Modell von Oettingen motiviert und befähigt euch, setzt Kräfte frei, um langjährige Denk- und Verhaltensgewohnheiten zu verändern. Die Abkürzung WOOP steht für die englischen Begriffe Wish (Wunsch), Outcome (Ergebnis, positive Folge), Obstacle (Hindernis) und Plan (Plan).

WOOP lässt sich mit wenig Aufwand umsetzen und hat sich in vielen Zusammenhängen als wirksame Methode erwiesen, um die eigenen Ziele besser zu erreichen. Ganz gleich, ob es sich um eine große Transition oder einen kleinen Wunsch im Alltag handelt.

WOOP hilft euch, eure mentale Stärke zu aktivieren.

Wir greifen uns unsere erfüllbaren Träume
und lassen die unerfüllbaren los.

Gabriele Oettingen

Dabei geht ihr wie folgt vor:

1. Schritt: Wish – den Wunsch formulieren
Was ist euer Wunsch?
Sucht euch einen ungestörten Ort und lasst euren Wunsch in Bezug auf die Transition vor eurem inneren Auge erscheinen. Dieser Wunsch kann und soll anspruchsvoll, aber auch erreichbar sein.
Sammelt dann eure Wünsche und verdichtet sie zu einem Wunsch, hinter dem ihr alle steht.
In welchem Zeitraum wollt ihr euch diesen Wunsch erfüllen?

2. Schritt: Outcome – das beste Ergebnis
Was wäre das Beste, wenn der Wunsch Wirklichkeit würde?
Stellt euch vor, welche positiven Folgen es hätte, wenn der Wunsch in Erfüllung ginge. Woran würdet ihr das merken? Beschreibt diesen Zustand, stellt ihn euch innerlich konkret vor und spürt die positiven Gefühle, die damit verbunden sind.

3. Schritt: Obstacle – das (innere) Hindernis
Was ist das größte (innere) Hindernis, das der Erfüllung eures Wunsches entgegensteht?
Wendet eure Aufmerksamkeit nun wieder der Realität zu und dem, was eurem Wunsch noch im Wege steht. Jeder von euch schaut sich an, was euch auf welchem Weg noch behindern könnte. Das fühlt sich nicht mehr so gut an, aber es wird euch helfen, das Hindernis zu überwinden.

4. Schritt: Plan – das Hindernis überwinden
Was könnt ihr konkret tun, um das (innere) Hindernis zu überwinden?
Entwickelt nun einen Plan, wie ihr euer (inneres) Hindernis überwinden könnt. Hilfreich kann dabei der „Wenn-Dann-Plan“ sein. Er funktioniert nach dem Muster: „Wenn … passiert, werde ich … tun.“

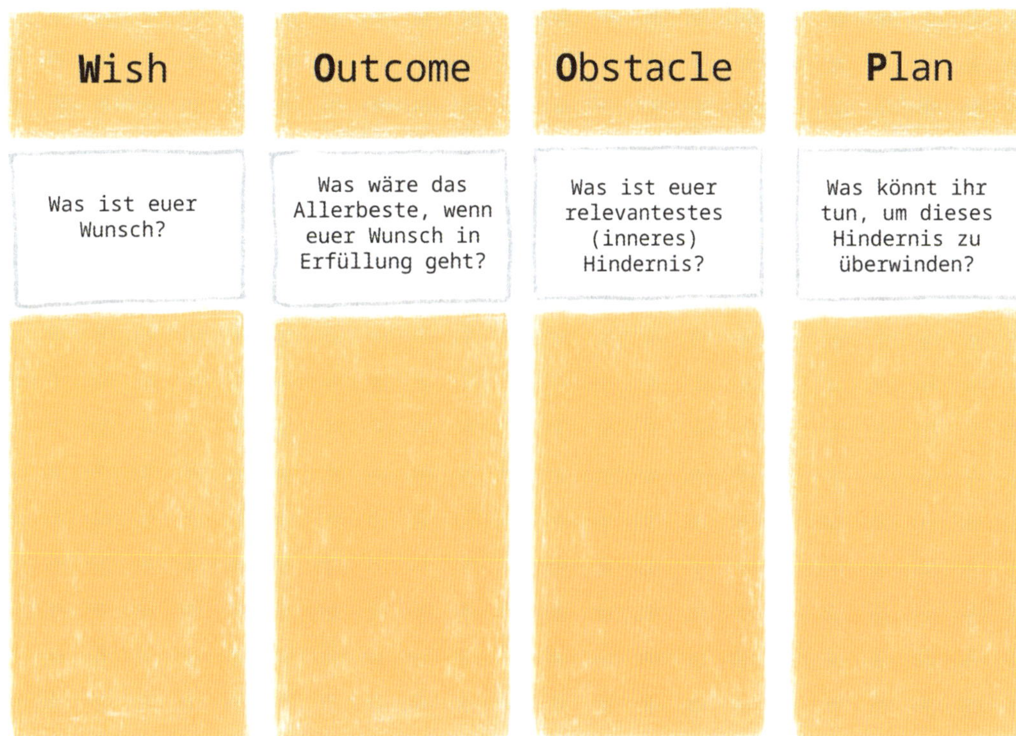
Wish
Was ist euer Wunsch?
Outcome
Was wäre das Allerbeste, wenn euer Wunsch in Erfüllung geht?
Obstacle
Was ist euer relevantestes (inneres) Hindernis?
Plan
Was könnt ihr tun, um dieses Hindernis zu überwinden?

WOOP-Modell

Deep Dive

Die Frage nach dem What richtet sich an den jüngsten Teil unseres Gehirns, **den Neocortex.** Dieser ist für das rationale und analytische Denken und Handeln sowie für die Sprache zuständig. Es fällt uns daher wesentlich leichter, den konkreten planerischen Teil der Vorbereitung in Worte zu fassen, als Gefühle zu artikulieren.

→ Nach der **PSI-Theorie** liegt das What im Intentionsgedächtnis. Es ist speziell darauf ausgerichtet, Absichten über längere Zeit aufrechtzuerhalten. Dieser Teil des Gehirns arbeitet Schritt für Schritt (sequenziell) und hilft uns, zunächst zu überlegen und zu planen. So verhindert es impulsives, vorschnelles und unüberlegtes Handeln.

Impact Business Design als systemisch-integrales Modell betrachtet im Gegensatz zu analytischen Verfahren das gesamte System in seiner Struktur und Dynamik. Der Systembegriff ist nicht einheitlich definiert. Die am weitesten verbreitete Definition besagt, dass ein System eine Gesamtheit interagierender Elemente ist, in der jede Veränderung eines Elements Veränderungen bei allen anderen Elementen nach sich zieht. Ein System ist durch eine definierte Struktur von seiner Umwelt abgegrenzt, wobei die Elemente des Systems spezifische Eigenschaften aufweisen und miteinander vernetzt sind. Dieses Netzwerk ermöglicht die Zirkulation von Energie, Materie und Information zwischen den Elementen.

Systemisches Denken und Handeln tritt an die Stelle linear-kausaler Erklärungen, wie wir sie aus den Modellen der letzten Jahrzehnte kennen. Aus systemisch-integraler Sicht lassen sich Systeme nicht auf die Summe ihrer Elemente reduzieren. Deshalb werden im Impact Business Design sowohl die Stellhebel und ihre Elemente innerhalb als auch außerhalb des Systems betrachtet und ihre Wechselwirkungen in einen relevanten Kontext gestellt. Erst in seinem situativen Kontext erhält alles seine Bedeutung, seinen Sinn und seine Wirkung. In diesem Zusammenspiel von System, Elementen, Umwelt und Interaktion entsteht für jedes System eine einzigartige „Eigenlogik“ und einzigartige Muster des Denkens, Fühlen und Handelns in Bezug auf die jeweiligen Kontexte.

Systemisch-integrales Denken ist Denken in Kontexten.

Literatur

Eicher, H. (2018). Die verblüffende Macht der Sprache. Was Sie mit Worten auslösen oder verhindern und was Ihr Sprachverhalten verrät, 2 Auflage, Springer, Wiesbaden.

Frankl, V. (2020). Über den Sinn des Lebens, Beltz, Weinheim.

Gollwitzer, P. Wenn-Dann Pläne: eine effektive Planungsstrategie aus der Motivationspsychologie (Stand 31.05.2023)
https://www.researchgate.net/publication/237994123

Jonas, H. (2020). Das Prinzip Verantwortung, Suhrkamp, Berlin.

Kuhl, J., Scheffer, D., Mikoleit, B., Strehlau, A. (2010). Persönlichkeit und Motivation im Unternehmen. Anwendung der PSI-Theorie in Personalauswahl und -entwicklung, Kohlhammer, Stuttgart.

Marc, E., Picard, D. (1991). Bateson, Watzlawick und die Schule von Palo Alto, Hain, Meisenheim.

Oettingen, G. (2014). Rethinking Positive Thinking. Inside the New Science of Motivation, Current, New York, USA

Rieckmann, H. (1997). Managen und Führen am Rande des 3. Jahrtausends, Lang, Frankfurt.

Sinek, S. (2014). Frag immer erst: warum. Wie Top-Firmen und Führungskräfte zum Erfolg inspirieren, Redline, München.

Fischer-Appelt, B. (2022). Storyverse Playbook. Finde die Geschichten, die alles verändern, Murmann, Hamburg.

Sinek, S. (2009). Start with Why. How Great Leaders Inspire Everyone to Take Action, Portfolio, London, England.

Storch, M. & Krause, F. (2002). Selbstmanagement – ressourcenorientiert. Grundlagen und Trainingsmanual für die Arbeit mit dem Zürcher Ressourcenmodell ZRM, Huber, Bern.

Willemse, J. Ameln, F. (2018). Theorie und Praxis des systemischen Ansatzes. Die Systemtheorie Watzlawicks und Luhmanns verständlich erklärt, Springer, Berlin.

WHYAHEAD (2021). Stakeholder Journey Map

Transzendenz

*Man verändert die Dinge nie, indem man gegen
die bestehende Realität ankämpft. Um etwas zu verändern,
muss man ein neues Modell entwickeln,
das das vorhandene Modell obsolet macht.*

Richard Buckminster Fuller

Einleitung

In der zweiten Phase beginnt nun die Reise hin zu einer neuen Einstellung und einem neuen Verhalten, aber auch hin zu einem neuen Organisationsdesign. Wir nennen diese Übergangsphase auch **Betamorphose**.

Um die Veränderung an und in der Organisation greifbar zu machen, arbeiten wir mit einem **Today-Tomorrow-Vergleich.** Zunächst bewerten wir Today, also den Stand der Dinge, wie wir ihn aus der Vergangenheit bis in die Gegenwart hinein geschaffen haben: den heutigen Ist-Zustand. Im gewünschten Tomorrow definieren wir die Dinge so, wie sie zukünftig sein sollen oder durch veränderte Rahmenbedingungen sein müssen: der zukünftige Soll-Zustand. Durch diesen Today-Tomorrow-Vergleich wird deutlich, welche Transitionen wir angehen müssen.

Neue Gedanken setzen sich erst dann durch, wenn sie die alten besiegen, weil sie einfach besser sind. Nach dem Philosophen und Psychologen Paul Watzlawick gibt es zwei Arten von Wandel. Der Wandel erster Ordnung ist die graduelle Veränderung innerhalb eines gegebenen Systems: Durch viele kleine Korrekturen wird ein verloren gegangenes Gleichgewicht wiederhergestellt. So lässt sich die operative Lücke zwischen Today-Tomorrow schließen. Der Wandel zweiter Ordnung hingegen ist eine Umformung, eine **Betamorphose:** der Sprung auf eine neue Ebene, in eine völlig neue Umwelt. Auf diese Weise kann die strategische Lücke zwischen Today-Tomorrow geschlossen werden.

Tomorrow versetzt dich und deine Organisation in die Zukunft.

Wir verwenden dieses Vorgehen immer, wenn wir Ziele formulieren. Die Fragen, die du dir im Impact Design dabei stellst, sind:

1. Wie versetze ich mich in den Zielzustand?
Wir sind im Business konditioniert, uns über den Verstand dem Zielzustand zu nähern. Im Impact Business Design empfehlen wir einen erweiterten Zugang zu Tomorrow, die sogenannte Glaskugeltechnik. Sie wurden von dem Psychologen Milton Erickson entwickelt und von dem Psychotherapeuten Steve de Shazer zur Wunderfrage weiterentwickelt. Diese Technik soll eine Vorstellung der Zukunft hervorbringen lassen, in der sich die Spannung zwischen Today und Tomorrow aufgelöst hat. Dabei gilt es, sich dieses Zielfoto mit allen Sinnen und in allen Facetten zu imaginieren. Die intensive Beschäftigung mit dem Zielzustand durch dich und deine Gefährten aktiviert bei euch neuronale Verknüpfungen und setzt Lösungsenergie frei.

2. Wie groß ist der Zeitsprung?
Es gilt für dich eine Antwort auf nachfolgendes Dilemma zu finden: Wählst du den Zeitraum zu groß, dann steigt das Risiko, dass das Tomorrow durch Veränderungen der Umwelt an der Wirklichkeit vorbeigeht; wählst du den Zeitraum zu eng, dann ist ein Sprung auf eine neue Entwicklungsstufe unrealistisch. Unserer Einschätzung nach, liegt der richtige Zeithorizont zwischen 3 und 5 Jahren.

Unternehmen mit einem hohen Reifegrad an Zukunftskompetenz kommen mit leichten Korrekturen aus: Sie sind resilient, anpassungsfähig und von innen heraus innovativ. Sie blühen und gedeihen trotz oder manchmal gerade wegen veränderter Umweltbedingungen. Viele Unternehmen jedoch, die nicht über diese robuste Reife verfügen, werden in diesem Jahrzehnt ihre Wertschöpfungsketten radikal umbauen und neu gestalten müssen, oder sie werden vom Markt verschwinden. Das Spiel ist nicht neu, es heißt Wirtschaft. Aber die Regeln sind anders als in den vergangenen Jahrzehnten, in der Blütezeiten des fossilen Kapitalismus. Denn die

Zukunft der Unternehmen basiert, ob sie wollen oder nicht, auf drei systemischen Dimensionen: Ökonomie, Ökologie und Soziales. Wenn es uns nicht gelingt, die Wirtschaft in diesen Dimensionen zu transformieren, wird es für uns Menschen keine wirkliche Lebensgrundlage auf diesem Planeten geben. Dann ist es vorbei mit der Enkelfähigkeit. Wandel, Transformation und Veränderung waren noch nie so wichtig und dringlich wie jetzt. Unternehmen sterben, wenn sie sich nicht adaptiv an ihre Umwelt anpassen. Und manchmal ist das auch gut so.

Betamorphose in uns selbst

Meist ist es aber nicht der Gegenwind von außen, der uns daran hindert, neue Wirkungen zu schaffen. Viel heftiger ist manchmal der Gegenwind in uns selbst, im bewussten und viel tiefer im unterbewussten Diskurs mit unseren eigenen Wertvorstellungen und Glaubenssätzen. In jeder Transition müssen wir bereit sein, einen Kampf gegen uns selbst zu führen, gegen die eigenen Vorurteile, Werte, Glaubenssätze und Muster, gegen die Autobahnen im Gehirn, wie der Neurobiologe Gerald Hüther eingefahrene Denkmuster nennt. Am Anfang sind es dünne Verbindungsbahnen im Gehirn, die durch immer gleiches Verhalten immer dicker werden. Irgendwann sind sie so etwas wie Autobahnen, breit, eingefahren, monoton und im unreflektierten Fluss. Die Beharrungskräfte des Eingefahrenem sind enorm. Sonst wären wir nicht da, wo wir heute sind. Auf monotonen Autobahnen kann viel Verkehr fließen, aber nichts Neues.

Das Vorgehensmodell des Impact Business Design rückt nun Schritt für Schritt in den Mittelpunkt. Du kannst jetzt direkt in das Modell einsteigen. Wenn du vorher noch ein Gefühl für die **Impact Economy** und ihre Impact First Player und Akteure gewinnen möchtest, empfehlen wir dir den **Impact Economy Deep Dive**. Dort bekommst du ein Big Picture, das dich vielleicht inspiriert. Du kennst bereits alle Details oder hast das Kapitel schon gelesen? Dann wünschen wir dir viel Freude und einen hohen Wirkungsgrad mit dem Impact Business Oszillogramm.

Transzendenz

Jede Lebensphase bietet die
Möglichkeit, neu anzufangen.

Rita Süssmuth

4. Schritt: Today - Phasencheck

Zielsetzung

Jedes System bewegt sich in verschiedenen Zyklen. Im Impact Design Phasencheck beginnen du und dein Team eine qualitative Verortung der aktuellen Entwicklungsphase deiner Organisation vorzunehmen. Diese Einordnung findet auf der Meta-Ebene, dem gesamten Unternehmen, statt und gibt dir eine gute Gesamteinschätzung für den Start in die weiteren Vertiefungen.

Der Adaptive Cycle

Der Adaptive Cycle ist ein wirkmächtiges Modell aus der **Resilienzforschung**. Es beschreibt die Phasen von Wachstum, Stagnation, Zusammenbruch und Erneuerung in komplexen Systemen. Entwickelt hat es Buzz Holling, einer der Gründer der Resilience Alliance und seinen Kollegen in den 1980er Jahren mit dem Ziel, die Dynamik von Ökosystemen zu erklären.

Die Komplexität dynamischer Systeme ist wie ein Tanz zwischen Ordnung und Chaos, Stabilität und Transformation als grundlegende Muster der Selbstorganisation in komplexen Systemen. Der Adaptive Cycle lässt sich auf viele Systeme anwenden, zum Beispiel auf Unternehmen, Gesellschaften oder politische Systeme.

Der Adaptive Cycle basiert auf **vier Phasen,** die ein System in verschiedenen Zyklen durchläuft:

1. Wachstum
In dieser Phase wächst das System und nutzt seine Ressourcen, um sich weiterzuentwickeln. Neue Ideen, Technologien oder Produkte werden entwickelt, um das Wachstum voranzutreiben. Diese Phase ist durch Innovation und Expansion gekennzeichnet.

2. Stabilität
Wenn das System seine maximale Größe erreicht hat, beginnt es sich zu konsolidieren und nutzt die vorhandenen Ressourcen, um sein Überleben und seine Stabilität zu sichern. In dieser Phase wird das System oft zunehmend bürokratisiert und hierarchisiert, um seine Stabilität zu gewährleisten. Aus betriebswirtschaftlicher Sicht befindet sich das System in der Abschöpfungsphase.

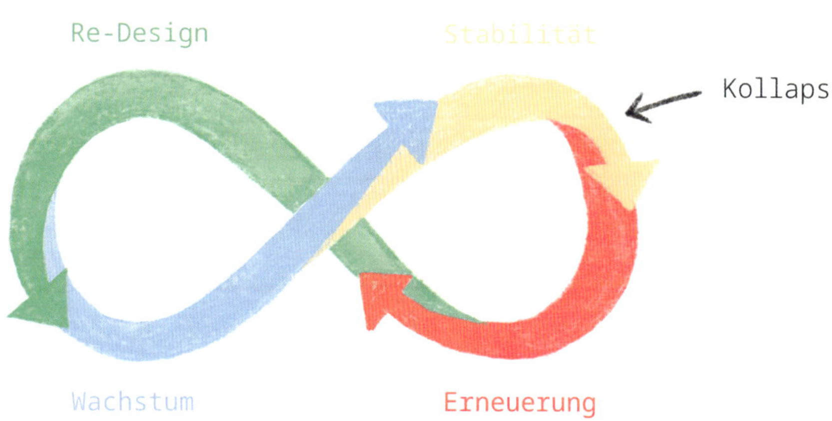

3. Erneuerung
Wenn das System in Schwierigkeiten gerät oder an seine Grenzen stößt, kann es zu einem Zusammenbruch oder einen Kollaps kommen. In dieser Phase können Ressourcen freigesetzt oder verloren gehen, und das System kann instabil werden. Ein Kollaps sollte immer auch als Chance für Erneuerung und Veränderung gesehen werden. Die Frage, ob man aus der Krise in die Erneuerung geht oder im alten Spiel verharrt, ist von existenzieller Bedeutung für die Zukunftsfähigkeit.

4. Re-Design
Nach einem Kollaps oder einer bewussten Erneuerungsinitiative kann sich das System reorganisieren, um sich an die veränderten Bedingungen anzupassen. Neue Ideen, Technologien oder Organisationsformen können entstehen, um das System neu aufzubauen oder schrittweise zu verändern.

Der Adaptive Cycle zeigt, dass Systeme veränderlich sind, sich anpassen und entwickeln können. Er betont auch die Bedeutung von Veränderung und Anpassung, um nachhaltige Entwicklung und Stabilität in komplexen Systemen zu gewährleisten. Der Adaptive Cycle beschreibt die Form in einem unendlichen Spiel, denn es geht nicht darum zu gewinnen, sondern möglichst lange im Spiel zu bleiben.

In jeder der vier Phasen benötigt es unterschiedliche Verhaltensweisen und Skills. Je nachdem wo sich dein Unternehmen befindet und sich entwickelt, gilt es auf die Besonderheiten der Zyklen zu achten:

1. **Wachstum** bedarf ein Growth Mindset und Fähigkeiten zu innovieren.

2. **Stabilität** braucht Effizienz und Fähigkeiten zu optimieren und sich stabil zu halten.

3. **Erneuerung** braucht strategische Orientierung und die Fähigkeit der Krisenkommunikation.

4. **Re-Design** braucht die Fähigkeit strategisch zu transformieren und Menschen zu empowern.

Der Adaptive Cycle und die zwei Welten

Die vier Zyklen des Adaptive Cycle lassen sich in zwei unterschiedlichen Unternehmenswelten unterteilen. Alexander Osterwalder, der Entwickler des Business Model Canvas nennt sie:

Exploit: das Managen des Existierenden
Explore: das Auskundschaften der Zukunft

Die Phasen Wachstum und Stabilität sind dem Exploit-Modus zuzurechnen, während die Phasen Erneuerung und Re-Design dem Explore-Modus entsprechen.

Bei **Exploit** ist die Steuerung des Unternehmens analysier- und planbar. Die Ziele und der Wertbeitrag zum Purpose sind klar umrissen, die Risiken sind kalkulierbar und die Rückflusszeiten von Investitionen lassen sich mit einer relativen Sicherheit berechnen.

Bei **Explore** kannst du auf wenig Erfahrung zurückgreifen. Die Komplexität und Dynamik lassen eine Vorhersehbarkeit schwer zu, die Risiken sind kaum bis nicht kalkulierbar. Es geht in erster Linie darum, neue Erfahrungen zu machen. Diese Beschreibung trifft meist auf Transitionsprojekte zu, wo es darum geht, keine inkrementelle, sondern grenzüberschreitende Veränderungen in Bezug auf Denken, Fühlen und Handeln voranzutreiben.

Beschreibung des Templates

Mit dem Adaptive Cycle kannst du den Zustand im Lebenszyklus deiner Organisation bewerten. Ziel ist es, eine Einschätzung zu bekommen, in welcher Phase des Lebenszyklus sich deine Organisation gerade befindet. Denn jede Phase des Zyklus erfordert unterschiedliche Verhaltensweisen und Fähigkeiten. Die Perspektive, die du dabei einnehmen solltest, ist die oberste Systemebene, also das gesamte Unternehmen.

Adaptive Cyclce

So gehen du und dein Team vor. Methodisch eignet sich eine Punkteabfrage dazu.

1. Mach Dich vertraut mit den vier Phasen des Adaptive Cycle.

2. Jeder Teilnehmende nimmt sich 2-3 Minuten Zeit darüber nachzudenken, um dann seine oder ihre Bewertung vornehmen.

3. In der Regel entstehen in einem Team verschiedene Sichtweisen und Blickwinkel, d. h. die Punkte können an unterschiedlichen Stellen positioniert sein.

4. In einer gemeinsamen Diskussion soll das Team zu einer einstimmigen Sichtweise darüber kommen in welcher Phase sich das Unternehmen befindet. Das Ergebnis ist ein Prozess der gemeinsamen Aushandlung. Am Ende steht eine gemeinsame Positionierung und Setzung.

Mit dem Ergebnis schafft ihr eine wichtige Grundlage zu verstehen, in welcher Phase sich dein Unternehmen heute befindet und was es benötigt, um euch als Unternehmen weiterzuentwickeln.

Transzendenz

Die Zukunft hängt davon ab, was wir heute tun.

Mahatma Gandhi

5. Schritt: Today - qualitativ

Zielsetzung

Nach der Einordnung deines Unternehmens auf dem Adaptive Cycle beginnt nun die Arbeit mit dem qualitativen Teil des **Impact Business Oszillogramms** aus der **Today-Perspektive**.

Jetzt geht es um die Standortbestimmung: Wo kommen wir her und wo stehen wir heute? Wie blicken wir aktuell auf die Welt, Natur, Gesellschaft, unser Unternehmen, unsere Kunden, Mitarbeitende und Produkte?

Beantworte die Fragen zunächst aus dieser Perspektive. Erst in der nächsten Phase wechselst du in die **Tomorrow-Perspektive**, um den Möglichkeitsraum und die Zukunft zu beschreiben.

Wir empfehlen dir, das Oszillogramm im Buch in Ruhe zu verinnerlichen, bevor du mit der Umsetzung beginnst. Wenn du mit der Materie vertraut bist, wird es dir leichter fallen, den Impact Business Architect für deine Arbeit in Workshops zu nutzen.

Die Bestandteile des Impact Business Oszillogramms

Das systemisch-integrale Organisationmodell gliedert sich in drei Transitionshebel und sieben Subhebel, die sich wiederum in weitere Elemente unterteilen.

Transitionshebel: Kraftwandler in der Transformation

Im systemischen Kontext ist ein Hebel ein Kraftwandler. Wenn du dich an deinen Physikunterricht erinnerst, wirst du wissen, dass ein kurzer (mechanischer) Hebel eine geringe Kraftübertragung und ein langer Hebel eine hohe Kraftübertragung hat. Den gleichen Effekt können wir aus der Systemtheorie auf die Organisationsentwicklung übertragen. Auch Systeme können durch einen Impuls von außen am richtigen Ansatzpunkt verändert werden. Die Systemtheoretikerin, Wissenschaftlerin und Umweltaktivistin Donella Meadows, bekannt als Mitautorin von „Die Grenzen des Wachstums" (1972, Club of Rome), hat zwölf Hebel identifiziert, mit deren Hilfe Systeme grundlegend verändert werden können. Ihre Erkenntnisse sind ein Schlüssel für grundlegende gesellschaftliche und wirtschaftliche Veränderungen. Meadows' Gedanken prägen unsere Arbeit und das Impact Business Oszillogramm. Unsere Hebelkategorien sind: Antriebshebel, Potenzialhebel und Werthebel.

Subhebel: Zu gestaltende Möglichkeitsräume

Innerhalb der großen Hebelkategorien gibt es Subhebel, die einen Möglichkeitsraum beschreiben. Veränderung ist ein zu gestaltender Möglichkeitsraum. Jeder Möglichkeitsraum ist gekennzeichnet durch Themen, die den Raum beschreiben und Fragen, die den Raum für die Gestaltung öffnen. Der **Antriebshebel** umfasst den äußeren und inneren Antrieb. Der **Potenzialhebel** umfasst den Markt und den Kunden, das Ökosystem und die Organisation. Der **Werthebel** beinhaltet die geschaffenen Werte und die Resonanz im Markt.

Elemente: Das System im Detail

In jedem Subhebel gibt es eine bestimmte Anzahl von Elementen (drei bis fünf). Elemente sind Fragen, die ein Themenfeld detaillierter beleuchten. Die Fragen, die du bei uns findest, sind Leitfragen. Auf ihrer Basis kannst du gerne weitere Fragen einbauen, die dir helfen, bei Bedarf noch tiefer in das Thema einzutauchen.

Kopplungen: Oszillieren zwischen innen und außen

Die Subhebel beschreiben Möglichkeitsräume, die entweder innerhalb oder außerhalb der Organisation liegen. Die Wirkungszusammenhänge einer Organisation funktionieren ähnlich wie ein Perpetuum Mobile. Alles hängt mit allem zusammen und alles ist in Bewegung. Jeder Eingriff in das System hat Auswirkungen auf das gesamte System. Wir brauchen immer den Blick auf alle Elemente und deren Zusammenspiel. Erst im situativen Zusammenhang erhält alles seine Bedeutung, seinen Sinn und seine Wirkung. In der Systemtheorie spricht man von **Kopplungen**, wenn Subsysteme miteinander verbunden sind. Im Business Kontext sind die beiden wichtigsten Kopplungsbestandteile **Kapital und Kommunikation**. Wir fragen also immer nach der Kopplung zu Kapital und Kommunikation, wenn wir die Subhebel ganzheitlich in Beziehung setzen.

Impact Business Canvas: Today

Wo stehen wir?

I. Äußerer Antrieb		
Natur	Mensch	Gesellschaft

III. Markt & Kunde				
Wirtschaft	Trends	Markt-angebote	Kunden	Konsumenten

V. Ökosystem		
Partner	Zulieferer	Mitbewerber

VII. Resonanz			
Kernbot-schaft	Marke	Wirkung	Feedback

Antriebshebel-Kopplungen	
Kommunikation	Kapital

Trage die Antworten der nachfolgenden Leitfragen in die jeweiligen Felder der Impact Business Canvas ein.

II. Innerer Antrieb				
Purpose	Mission	Vision	Strategie	Ziele

IV. Organisation				
Struktur	Prozesse	Mitarbeitende	Verhalten	Kultur

VI. Wert		
Output	Problem-lösung	Wertangebot

Potenzialhebel-Kopplungen	
Kommunikation	Kapital

Werthebel-Kopplungen	
Kommunikation	Kapital

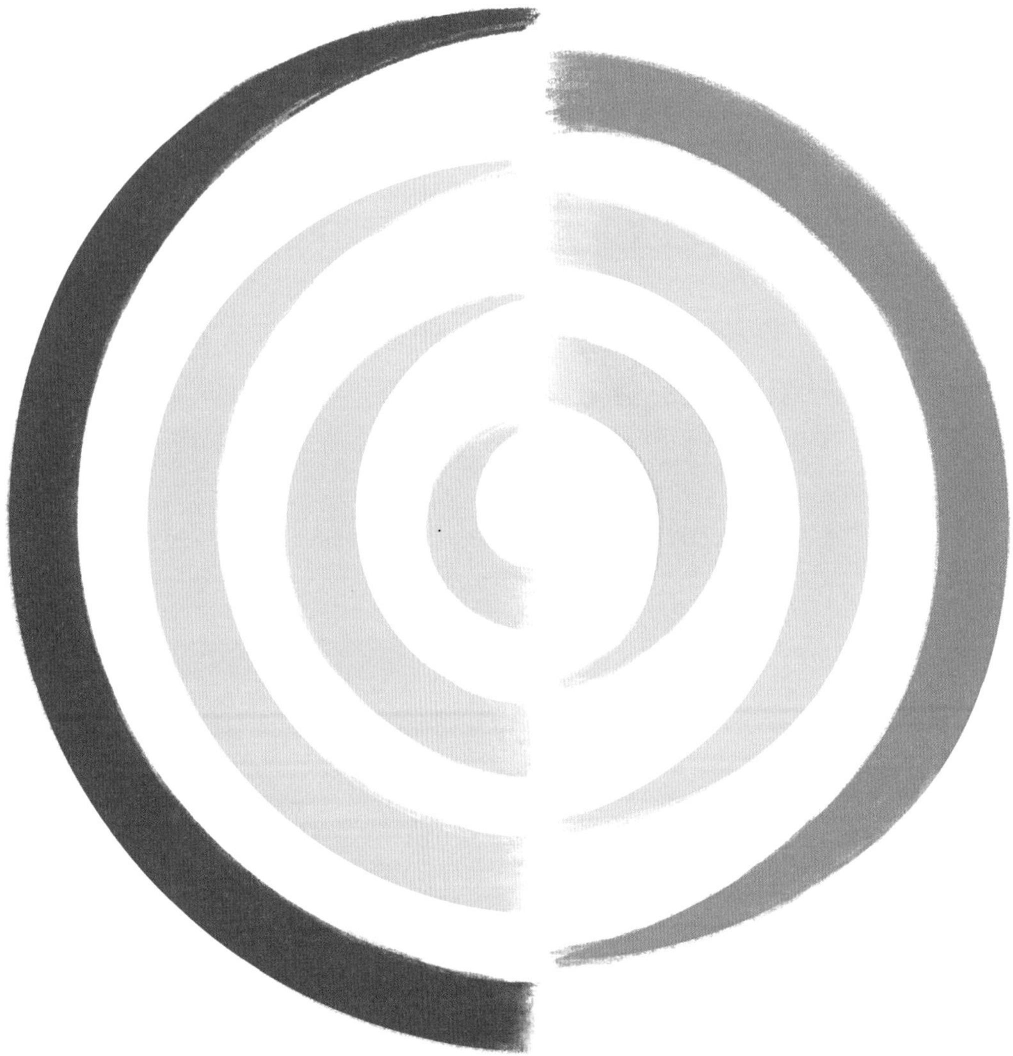

Die Wirkung des Antriebshebels

Im Antriebshebel, dem Hebel mit der größten Übersetzungskraft, wirken der äußere und der innere Antrieb einer Organisation. Die Kraftübertragungen der einzelnen Hebel sind in der Grafik durch ihre Radien dargestellt. Im äußeren Antrieb wirken die komplexen und teils chaotischen Bedingungen auf die Organisation. Der innere Antrieb beschreibt die strategische Antwort darauf und mit welcher Haltung du diese umsetzt willst.

I. Äußerer Antrieb

Der Äußere Antrieb umfasst die Veränderungsbewegungen in der Welt, also Trends und Megatrends, aber auch Risiken und Regulierung. Er unterteilt sich in die drei Elemente Natur, Mensch und Gesellschaft.
Die Perspektive …

… nimmt in erster Linie die relevante Umwelt des Systems in den Blick.
… ist einem weitergehenden dynamischen, komplexen und teilweise chaotischen Wandel unterworfen.
… verwendet BANI, als ein Akronym, das diese Veränderungen am besten beschreibt.

Neben technologischen und digitalen Einflussfaktoren bestimmen zunehmend soziale und ökologische Elemente, wie ihr euer Geschäftsmodell ausgestaltet. Die Bewertung der Umwelteinflüsse entscheidet über die grundsätzliche Ausrichtung.

Natur

Die Natur ist das größte System, das uns umgibt. Sie stellt uns einerseits wichtige Ressourcen wie Bodenschätze, Wasser, Wald, Tiere und Pflanzen zur Verfügung, die wir für die Ernährung und Energieversorgung sowie für die Produktion nutzen. Andererseits spüren wir zunehmend Belastungen für Gesellschaft und Wirtschaft durch den Klimawandel wie Überschwemmungen, Brände, Dürren und Stürme, die zu Schäden, Verlusten und Bedrohungen führen können.

- ☐ **Welche Bedeutung haben die Natur und ihre Ressourcen für unsere Organisation?**
- ☐ **Wie gehen wir mit ihren Ressourcen um?**
- ☐ **Welchen Planeten wollen wir aus heutiger Sicht unseren Enkeln hinterlassen?**

Mensch

Als Individuen haben wir unterschiedliche Bedürfnisse, die erfüllt sein müssen, um ein gesundes und erfülltes Leben führen zu können.
Dazu zählen beispielsweise:

Physiologische Bedürfnisse wie Nahrung, Schlaf und Schutz vor Schmerzen.

Sicherheitsbedürfnisse wie Vermeidung von Unsicherheit und Instabilität sowie das Gefühl von Kontrolle.

Soziale Bedürfnisse wie Liebes und Zugehörigkeit und Anerkennung.

Selbstverwirklichungsbedürfnisse wie Selbstentfaltung, Selbstverwirklichung und Sinnfindung.

- ☐ **Was bewegt die Menschen?**
- ☐ **Was für ein Bild vermitteln wir den Menschen?**
- ☐ **Wie wollen wir von den Menschen gesehen werden?**

Gesellschaft

Gesellschaft beschreibt eine große Gruppe von Menschen, die miteinander leben und in Beziehung zueinander stehen. Auf die Gesellschaft als Ganzes, auf bestimmte soziale Gruppen oder auf die sozialen Beziehungen innerhalb einer Gruppe. In der Soziologie unterscheidet man zwischen Gesellschaft und Gemeinschaft, wobei letztere eine engere Gruppe von Menschen beschreibt, die durch gemeinsame Normen und Werte verbunden sind.

- [ ] **Was hält uns als Gesellschaft zusammen?**
- [ ] **Wie nehmen wir die Gesellschaft mit ihren Chancen und Risiken wahr?**
- [ ] **Welchen Beitrag leisten wir zur Entwicklung der Gesellschaft?**

II. Innerer Antrieb

Der Kern eines jeden Impact-Unternehmens ist der Purpose, also der Unternehmenszweck, als innerer Antrieb. Dabei geht es nicht um plumpes Purpose-Marketing, sondern um die eigentliche Frage: Wozu braucht es das Unternehmen? Erst durch diese Zweckbestimmung kann das Geschäftsmodell eine klare Markierung erhalten und seine Identität finden. Mit anderen Worten: Dein Unternehmen kann eine klare Grenze zwischen Innen- und Außenraum (Unternehmensumwelt) ziehen. Dadurch entstehen klare Konturen und Rahmenbedingungen. Der enkelfähige Zweck des Unternehmens wird deutlich.

Die Elemente des inneren Antriebs sind: Purpose, Mission, Vision, Strategie und Ziele. Bei der Bearbeitung des inneren Antriebs können die Ergebnisse aus dem Why – das Warum und Wofür – mitgenommen bzw. darauf aufgebaut werden.

Purpose

Der Purpose ist der stärkste Hebel deines Unternehmens und hinterfragt die Sinnhaftigkeit des Zusammenspiels zwischen der Organisation und dem relevanten Umfeld.

Er beschreibt das nachhaltige Why.

- [ ] **Was gibt unserer Organisation heute Sinn?**
- [ ] **Wem oder was geben wir heute Sinn?**
- [ ] **Wofür existieren wir heute?**
- [ ] **Was würde dem Markt fehlen, wenn es uns nicht mehr gäbe?**
- [ ] **Wovon wollen wir uns lösen?**

Mission

Die Mission beschreibt die Ergebnisse der Organisation auf der Metaebene und verbindet Purpose und Output.

Sie definiert das konkrete Why.

- [ ] **Wie setzen wir als Organisation unseren Purpose heute um?**
- [ ] **Worauf konzentriert unsere Organisation heute ihre Energie?**
- [ ] **Wie lässt sich der Output der Organisation heute übergeordnet zusammenfassen?**

Vision

Erfolg beginnt nicht mit dem Businessplan, sondern mit der Vorstellungskraft. Das, was sich die Menschen in einer Organisation vorstellen können. An dieser Vorstellung, diesem Bild orientieren sich Ziele und Strategien. Die Vision gibt eine große Orientierung, ein Bild für das längerfristige Handeln deines Unternehmens.
Sie öffnet die Köpfe und fördert die Kreativität. Wie wollen wir das erreichen?

- [ ] **An welcher Vision orientieren wir uns heute?**
- [ ] **Welches Bild haben wir vor Augen?**
- [ ] **Worauf sind wir heute stolz und worauf nicht?**

Strategie

Die Strategie setzt die Vision um. Sie ist der Plan, um die Vision zu erreichen.
Sie beschreibt das langfristige How. Impact Business Design verbindet dabei strategisches Denken mit dem Bedürfnis, Wirkung im Wesentlichen zu erzeugen: „Impact and Strategy are having breakfast" ist unsere Weiterentwicklung des Ansatzes „Culture eats strategy for breakfast" des Management-Vordenkers Peter Drucker.

- [ ] **Was ist unsere Strategie heute?**
- [ ] **Welche Hindernisse müssen wir (wie) überwinden?**
- [ ] **Was tun wir nicht?**
- [ ] **Welche Stärken und Fähigkeiten haben wir heute?**
- [ ] **Wie definieren wir heute den Erfolg, den wir erreichen wollen?**

Ziele

Die Ziele der Organisation beschreiben die konkreten Ergebnisse, die dein Unternehmen erreichen will.

Dabei geht es um das kurz- und mittelfristige What.

- [ ] **Welche Ziele haben wir uns heute kurz-, mittel- und langfristig gesetzt?**
- [ ] **Wie sind die Ziele und ihre Messung operationalisiert?**

Die Wirkung des Potenzialhebels

Im Potenzialhebel finden sich die Implikationen und Ableitungen der im Antriebshebel definierten Schwerpunkte für die Subhebel Markt & Kunde, Ökosystem und Organisation. In allen Subhebeln ist ein Human Experience Design handlungsleitend. Das bedeutet, dass Potenziale immer vom Menschen aus gedacht werden. Kunden werden in ihren menschlichen Bedürfnissen erkannt und wahrgenommen. Partner werden nicht über Unternehmen definiert, sondern über die Menschen, mit denen man zu tun hat. Die eigene Organisation wird nicht als Maschinenraum mit Ressourcen bewertet, sondern als soziales System, das durch die Menschen besteht und seinem inneren Antrieb folgt.

III. Markt & Kunde

Der Subhebel Markt & Kunde konkretisiert den Antriebshebel und umfasst die Einstellung der Organisation auf das konkrete (Markt-) Umfeld und insbesondere auf Stakeholder und deren Bedürfnisse.

Die verschiedenen Marktteilnehmer haben unterschiedliche Bedürfnisse und Verhaltensweisen. Ihre Eintritts- und Austrittsbarrieren sowie die Marktdynamik sind unterschiedlich zu bewerten.

Die Elemente von Markt & Kunde sind: Wirtschaft, Trends, Marktangebote, Kunden und Konsumenten.

Wirtschaft

Die Wirtschaft ist das größere System, das den Subhebel Markt & Kunde umgibt.

Um dieses Element zu erschließen, fragen wir:

- ☐ **Wie definieren wir für uns heute Wirtschaft?**
- ☐ **Welche Rolle nehmen wir heute in der Wirtschaft ein?**

Trends

Trends zeigen sich bereits im äußeren Antrieb. Vielleicht hast du dich schon mit der systemischen Bewertung von Trends für Wirtschaft und Markt beschäftigt. Wenn nicht, ist die Tomorrow-Phase der richtige Zeitpunkt dafür.

- ☐ **Welchen äußeren technologischen, politischen, sozialen und rechtlichen Treibern folgen wir heute?**
- ☐ **Wie arbeiten wir bisher mit Trends?**
- ☐ **Wie gehen wir heute sozial, ökologisch und ökonomisch mit Nachhaltigkeit um?**

Marktangebote

Hier betrachtest du konkrete Angebote, die auf dem Markt sind. Der Blick geht über den eigenen Tellerrand hinaus. Was macht der Wettbewerb oder der Partner? Und wie gehen wir auf die wirklichen Bedürfnisse des Marktes ein?

- ☐ **Welche Probleme löst der Markt?**
- ☐ **Welche Angebote gibt es auf dem Markt?**
- ☐ **Was davon decken wir ab?**
- ☐ **Welche Bedürfnisse befriedigen wir?**

Kunde

Kennst du die Bedürfnisse eurer Kunden? Genau darum geht es in diesem Element. Was wissen du und deine Organisation über eure Kunden? Wie gut sind eure Beziehungen zu den Menschen, die eure Kunden repräsentieren?

- ☐ **Welche Probleme, Bedürfnisse und Werte haben unsere Kunden heute?**
- ☐ **Welche Kundentypologien und Kundensegmente gibt es?**
- ☐ **Wie gut oder schlecht verstehen wir unsere Kunden?**

Konsument

Der Unterschied zwischen Kunde und Konsument besteht darin, ob man im B2B oder B2C Business tätig ist. Im B2B-Bereich spricht man von Kunden. Im B2C-Bereich von Konsumenten. Natürlich kann es auch sein, dass dein Unternehmen beide Zielgruppen bedient, dann solltest du sie auch getrennt behandeln.

- ☐ **Welche Probleme, Bedürfnisse und Werte haben Konsumenten heute?**
- ☐ **Welche Konsumententypologien und Konsumentensegmente gibt es?**
- ☐ **Wie gut oder schlecht verstehen wir die Konsumenten?**

IV. Organisation

Der Subhebel Organisation beschreibt das definierte System im Inneren: Wie ist es organisiert? Von einer Organisation spricht man, wenn mehrere Personen in einem arbeitsteiligen Prozess kontinuierlich an einer gemeinsamen Aufgabe und mit einem gemeinsamen Ziel arbeiten. In den letzten Jahren ist eine Vielzahl von Organisationsmodellen entstanden, die sich auf diesen Potenzialhebel konzentrieren.

Für ein Impact First Unternehmen sind vor allem die Rahmenbedingungen und das Verhalten der Mitarbeitenden von besonderer Relevanz.

Zur Beschreibung des Subhebels Organisation sind folgende Elemente wichtig: Struktur, Prozesse, Mitarbeitende, Verhalten und Unternehmenskultur.

Struktur

Die Struktur einer Organisation beschreibt die Art und Weise, wie die verschiedenen Teile der Organisation organisiert und miteinander verbunden sind. Sie legt die Rollen, Verantwortlichkeiten und Beziehungen der Mitarbeitenden und Abteilungen fest, um sicherzustellen, dass die Ziele aus den Antriebshebeln erreicht werden. Es gibt eine Reihe von Strukturtypologien, wie z. B. projektbezogene, funktionale, holokratische, agile, Teal-, Lean- oder Netzwerkorganisationen.

- [ ] **Wie ist die formale Struktur der Organisation?**
- [ ] **Wie sieht die informelle Struktur der Organisation aus?**
- [ ] **Wo gibt es Abweichungen?**
- [ ] **Was macht die Organisation heute wirksam?**

Prozesse

Prozesse stellen im Unternehmen sicher, dass bestimmte Aufgaben oder Arbeitsabläufe effektiv und effizient durchgeführt werden. Sie tragen dazu bei, Zeit und Kosten zu sparen, die Qualität der Arbeit zu verbessern und die Produktivität zu steigern. Es gibt einige Gründe, warum Prozesse im Unternehmen wichtig sind: Standardisierung, Fehlerreduzierung, Qualität, Effizienz, Skalierung oder Compliance.

- [ ] **Wie werden Produkte und Dienstleistungen erstellt (Kernprozesse, Managementprozesse, Hilfsprozesse)?**
- [ ] **Wie generieren wir unsere Wertangebote?**
- [ ] **Welche besonderen Fähigkeiten sind dafür heute erforderlich?**
- [ ] **Was funktioniert heute besonders gut?**
- [ ] **Was funktioniert weniger gut?**

Mitarbeitende

Die Mitarbeitenden sind das Herz eines jeden Unternehmens und spielen eine entscheidende Rolle bei der Erreichung der Unternehmensziele. Die Mitarbeitenden müssen über die notwendigen Fähigkeiten und Fertigkeiten sowie das Engagement und die Motivation verfügen, um die Antriebshebel zu gestalten, umzusetzen und das Unternehmen voranzubringen. Gerade in humanzentrierten Organisationen ist es wichtig, sie ausreichend zu unterstützen, wertzuschätzen und zu fördern.

- [ ] **Welche Menschen arbeiten im Unternehmen?**
- [ ] **Welche drei Hashtags beschreibt sie am besten?**
- [ ] **Was zeichnet sie aus, zum Beispiel Hard/Soft Skills oder Diversität?**
- [ ] **Wie ist ihre Motivstruktur, zum Beispiel intrinsisch/extrinsisch, prozess- oder ergebnisorientiert?**
- [ ] **Was fehlt ihnen heute?**

Verhalten

Das Verhalten umfasst alle Interaktionen, Kommunikationen und Handlungen, die innerhalb der Organisation stattfinden, sei es zwischen Mitarbeitenden, zwischen Mitarbeitenden und Führungskräften oder zwischen dem Unternehmen und seinen Kunden oder Partnern. Sichtbar wird das Verhalten beispielsweise durch das Arbeitsklima, die Qualität der Zusammenarbeit, die Reputation, die Kundenzufriedenheit oder die Einhaltung von Regeln und Richtlinien.

- [ ] **Welche Verhaltens- und Reaktionsmuster sind in der Organisation beobachtbar?**
- [ ] **Wie findet Lernen statt?**
- [ ] **Wie ist das Engagement?**
- [ ] **Wie ist das Klima in der Organisation?**
- [ ] **Gibt es Unterschiede je nach Ebene (Gesamtorganisation, Teilbereiche, Individuen)?**

Kultur

Eine Unternehmenskultur beeinflusst das Verhalten, die Einstellungen und die Werte der Mitarbeitenden sowie das Image des Unternehmens. Eine positive Kultur trägt dazu bei, dass die Mitarbeitenden motivierter, produktiver und zufriedener sind, was wiederum die Leistung des Unternehmens steigert. Insgesamt führt eine gute Unternehmenskultur zu mehr Erfolg und Wettbewerbsfähigkeit, während eine schlechte Unternehmenskultur das Gegenteil bewirken kann.

- [ ] **Welche „kollektive Einstellung“ kennzeichnet die Organisation?**
- [ ] **Welche Werte werden in der Organisation geteilt?**
- [ ] **Welche Glaubenssätze herrschen vor, zum Beispiel über Status, Macht, Zusammenarbeit, Vielfalt, Arbeit und Beruf?**
- [ ] **Welche Einstellungen und Verhaltensweisen werden belohnt, welche abgelehnt oder bestraft?**

V. Ökosystem

Der Subhebel Ökosystem konkretisiert Markt & Kunde. In Analogie zu biologischen Ökosystemen beschreibt ein wirtschaftliches Ökosystem eine dynamische Struktur lose gekoppelter sozialer und wirtschaftlicher Akteure. Es bezieht sich auf das komplexe Netzwerk von Unter nehmen, Organisationen und Individuen, die in einer bestimmten Branche oder Region zusammenarbeiten und interagieren.

Ökosysteme unterliegen ausgeprägten Netzwerkeffekten, das heißt die Anzahl der Nutzer bestimmt ihren Nutzen und ihre Nutzung.

Die Elemente des Subhebels sind Partner, Zulieferer und Mitbewerber.

Partner

Bei den Partnern stehen die vorhandenen und notwendigen Netzwerke im Vordergrund der Betrachtung. Diese können ein funktionierendes Ökosystem für deine Organisation bilden. Den Kontext bilden der Antriebshebel und Markt & Kunde.

- [ ] **Wie definieren wir Partner aus heutiger Sicht?**
- [ ] **Über welches Netzwerk von Unterstützern verfügen wir?**
- [ ] **Welche Bedürfnisse und Werte haben unsere Partner heute?**

Zulieferer

Zulieferer sind ein wichtiger Teil der Wertschöpfung einer Organisation. Sie liefern Rohstoffe, Komponenten, Ausrüstungen oder andere Güter und Dienstleistungen, die für die Produktion oder den Betrieb eines anderen Unternehmens erforderlich sind. Die Form der Zusammenarbeit ist die Grundlage für eine Make-or-Buy-Entscheidung. Es geht um die Frage, welche Zulieferer das Unternehmen benötigt und in welcher Beziehung es zu ihnen besteht.

- [ ] **Wie definieren wir Zulieferer aus heutiger Sicht?**
- [ ] **Über welches Zulieferernetzwerk verfügen wir?**
- [ ] **Welche Bedürfnisse und Werte haben unsere Zulieferer heute?**
- [ ] **Was unterscheidet Zulieferer von Partnern?**

Mitbewerber

Mitbewerber sind andere Unternehmen, die in der gleichen Branche tätig sind und ähnliche Produkte oder Dienstleistungen anbieten. Sie konkurrieren um dieselben Kunden und versuchen, ihren Marktanteil zu erhöhen. Sie können lokal, national oder international tätig sein und unterschiedliche Größen und Geschäftsmodelle haben. Um ihre Stärken und Schwächen besser zu verstehen, müssen sie beobachtet und analysiert werden. Daraus kann man lernen und die eigenen Strategien anpassen.

- [ ] **Welche Marktbegleiter und Mitbewerber haben wir heute?**
- [ ] **Welche äußeren und inneren Antriebe haben sie?**
- [ ] **In welcher Beziehung stehen wir aus heutiger Sicht zu ihnen?**

Die Wirkung des Werthebels

Der Werthebel vereint die Subhebel **Wert** und der **Resonanz**, das bzw. die die Organisation erzeugt.

Der **Wert** konzentriert sich auf die drei Dimensionen Produkt, Dienstleistung und Information. Ziel sollte eine intelligente Kombination der drei Dimensionen sein, um die Kunden zunehmend an das Unternehmen zu binden und eine langfristige Beziehung aufzubauen. Das Wertangebot bildet die Basis für Umsatz und Gewinn. Das gesamte Angebot bezieht sich auf die zuvor in Antriebshebel und Potenzialhebel erkannten und definierten Grundlagen. Was treibt uns an? Was bewegt die Welt? Für wen und mit wem können wir unseren Antrieb umsetzen? **Und erst dann:** Welches Wertangebot ergibt sich daraus?

Schließlich gilt es, mit der Wertbotschaft **Resonanz** in den Kommunikationskanälen zu erzeugen. Auch hier empfiehlt sich eine Fokussierung auf die Bedürfnisse, um die Angebote zielgruppengerecht zu kommunizieren. Die Antworten auf den Potenzialraum ergeben die Logik der Kanäle, nicht umgekehrt.

VI. Wert

Der Subhebel Wert bietet den Kunden einen klaren Mehrwert und unterscheidet sich von anderen Angeboten am Markt – es erfüllt das Leistungsversprechen des Unternehmens. Ein wirkungsvolles Angebot berücksichtigt die Bedürfnisse und Erwartungen der Kunden und bietet ihnen einen Nutzen, der wichtig und relevant ist. Ein Wertangebot zielt darauf ab, Bedürfnisse und Probleme im Markt zu befriedigen oder zu lösen.

Es sollte die folgenden Eigenschaften aufweisen: Klarheit, Relevanz, Unterscheidbarkeit, Messbarkeit und Nachhaltigkeit.

Der Subhebel bildet die Basis für die Einnahmen eines Systems. Seine Elemente sind: Output, Problemlösung und Wertangebot.

Output

Der Output beschreibt, was das System im Idealfall verlässt: Produkte, Dienstleistungen, Nebenprodukte, aber auch zielgerichtete Information und Kommunikation. Zum Output zählen auch unerwünschte Ergebnisse oder Wirkungen des Systems, wie Umweltverschmutzung oder Arbeitslosigkeit.

- ☐ **Welche Produkte, Dienstleistungen und Informationen stellen wir bereit?**
- ☐ **Was sind die Merkmale unseres Outputs?**
- **Welchen Nutzen bringt unser Output?**
- ☐ **Wo liegen die unerwünschten Wirkungen?**

Problemlösung

Ein gutes Wertangebot sollte dazu beitragen, ein Kundenproblem zu lösen oder eine Bedürfnislücke zu füllen. Das kann beispielsweise eine Zeitersparnis, Kostensenkung, Effizienzsteigerung, Qualitätsverbesserung oder das Schließen einer Innovationslücke sein.

- ☐ **Welche Probleme werden durch unser Angebot gelöst?**
- ☐ **Was wird durch die Nutzung oder Anwendung besser als vorher?**
- ☐ **Welche Probleme erzeugen unsere Angebote?**

Wertangebot

Wertangebot und Wertbeitrag sind eng miteinander verknüpft. Das Wertangebot beschreibt, welche Produkte oder Dienstleistungen ein Unternehmen anbietet und welchen Nutzen es für seine Kunden schafft. Der Wertbeitrag bezieht sich darauf, wie das Unternehmen diesen Nutzen schafft und sich von seinen Wettbewerbern unterscheidet. Beide sind entscheidend für den Erfolg eines Unternehmens.

- [ ] **Welchen Wertbeitrag leistet unser Output?**
- [ ] **Wie wird er von unseren Kunden wahrgenommen?**
- [ ] **Welche Produkte, Dienstleistungen und Informationen brauchen unsere Kunden?**
- [ ] **Wie erwirtschaften wir Einnahmen aus der Kombination?**

VII. Resonanz

Der Subhebel Resonanz beschreibt die Wirkung auf Basis der Ausgestaltung der vorangegangenen Hebel. Resonanz erzeugt also nicht nur der Wert, den das System erzielt, sondern auch die übrigen internen Hebel und die Beantwortung der Fragen: Was bewegt die Welt? Was treibt uns an?

Resonanz bezieht sich auf die Reaktion auf Aktionen, Angeboten oder Entscheidungen des Unternehmens. Wenn eine Handlung im Einklang mit den Werten und Zielen des Unternehmens steht und sich die Mitarbeitenden damit identifizieren, erzeugt dies eine sehr positive Resonanz, mehr Engagement, höherer Motivation und bessere Leistungen. Umgekehrt kann eine Entscheidung, die nicht mit den Werten und Zielen des Unternehmens im Einklang steht oder die von den Mitarbeitenden als ungerecht oder unangemessen empfunden wird, negative Resonanz erzeugen. Resonanz findet auf unterschiedlichen Kommunikationskanälen statt.

Kernbotschaft

Kernbotschaften sind die implizit oder explizit ausgesendeten Wertbotschaften, die in der Umwelt eine Wirkung erzielen. Sie werden auf unterschiedlichen Kanälen zu unterschiedlichen Themen ausgesendet.

- [ ] **Wie kommunizieren wir unsere Vision und unseren Purpose?**
- [ ] **Was sind unsere Kernbotschaften für Marketing, Vertrieb und Distribution?**

Marke

Die Marke beschreibt die Assoziationen der Stakeholder in Bezug auf das Unternehmen. Diese Wahrnehmung erfolgt auf Basis subjektiver Bewertungskriterien.

- [ ] **Wie finden sich alle Subhebel in unserem Markenkern wieder?**
- [ ] **Welche Resonanz erzeugt unsere Marke?**
- [ ] **Welche Werte spiegelt unsere Marke wider?**
- [ ] **Wieviel Vertrauen und Orientierung schafft unsere Marke?**

Wirkung

Wirkung beschreibt Effekte, die aufgrund der Denk-, Fühl- und Handlungsmuster der Organisation entstehen. Die Wirkung kann direkt/indirekt, konsistent/inkonsistent sowie zeitnah/zeitversetzt entstehen.

- [ ] **Welche Wirkung erzielen wir durch unser Verhalten?**
- [ ] **Wie kommunizieren und vermarkten wir unsere Wertangebote?**
- [ ] **Wie bewusst sind wir uns über unsere Wirkung?**

Feedback

Feedback beschreibt die Rückmeldungen, die das Unternehmen auf unterschiedlichen Ebenen (z.B. der Antriebs-, Potenzial- und Werthebel) wahrnimmt. Das Feedback kann formell/informell, positiv/negativ oder konstruktiv/destruktiv sein.

- [ ] **Auf welchen Ebenen erhalten wir welches Feedback von außen?**
- [ ] **Auf welchen Ebenen bekommen wir welches Feedback von innen?**
- [ ] **Wie sehr schätzen wir Feedback?**
- [ ] **Wie beziehen wir Feedback in unsere Veränderungen mit ein?**

Du hast alle qualitativen Fragen auf der Elementebene beantwortet? Dann geht es jetzt darum, dir die systemischen Zusammenhänge und Kopplungen bewusst und transparent zu machen.

Was sind systemische Kopplungen?

Systemische Kopplungen beziehen sich auf die Wechselwirkungen und Beziehungen zwischen verschiedenen Elementen eines Systems. Sie treten auf, wenn Veränderungen in einem Systemelement Auswirkungen auf andere Systemelemente haben.

Kopplungen treten in verschiedenen Kontexten auf und können positive oder negative Auswirkungen haben, je nachdem, wie sie gestaltet sind und wie das System als Ganzes funktioniert. Im Business Kontext sind die entscheidenden **Kopplungsfaktoren Kapital und Kommunikation**, da sie eine wichtige Rolle beim Design und der Steuerung von Unternehmen spielen.

Kapital als Tauschmittel und Ressource reguliert die Beziehungen zwischen den Elementen eines Systems. Beispielsweise kann die Verteilung von Geld die Machtverteilung innerhalb des Systems beeinflussen. Eine ungleiche Verteilung von Geld kann dazu führen, dass bestimmte Elemente des Systems über mehr Ressourcen und Macht verfügen als andere, was sich wiederum auf die Beziehungen und Interaktionen zwischen den Elementen auswirkt.

Kommunikation spielt ebenfalls eine wichtige Rolle, da sie die Interaktionen zwischen den Elementen eines Systems erleichtert und steuert. Eine gute Kommunikation trägt dazu bei, dass die Elemente effektiv zusammenarbeiten und Informationen austauschen, um gemeinsame Ziele zu erreichen. Im Gegensatz dazu kann ineffektive oder gestörte Kommunikation zu Verzerrungen oder Missverständnissen in den Beziehungen zwischen den Elementen führen und somit die Effektivität des Systems beeinträchtigen.

Ein tieferes Verständnis von Kopplungseffekten hilft, Systeme effektiver zu gestalten und zu steuern, um das Ziel einer Impact First Organisation zu erreichen.

→ Durch die Kopplung mit Kapital beziehen wir uns auf das wirtschaftliche Konzept der „**Economics of Mutuality**“, das darauf abzielt, Werte für alle Beteiligten sowie sozialen und ökologischen Nutzen zu schaffen, indem die Bedürfnisse und Interessen von Unternehmen, Gemeinschaften und der Umwelt gleichermaßen berücksichtigt werden.

Die „Economics of Mutuality“ hat vier verschiedene Formen von Kapital definiert:

1. **Finanzkapital**
   Geld, das benötigt wird, um Geschäftsaktivitäten und Investitionen, zum Beispiel in Infrastruktur und Technologie, zu finanzieren.

2. **Sozialkapital**
   Ein Netzwerk von Beziehungen zwischen Unternehmen, Gemeinschaften, Kunden und Mitarbeitenden, das für den Austausch von Wissen, Vertrauen und Unterstützung wichtig ist.

3. **Humankapital**
   Die Fähigkeiten, das Wissen und die Erfahrung der Mitarbeitenden und Führungskräfte, die für die Innovation und den Erfolg des Unternehmens besonders wichtig sind.

4. **Naturkapital**
   Natürliche Ressourcen und Umweltgüter, die für das Überleben und den Erfolg des Unternehmens entscheidend sind.

Die „Economics of Mutuality“ betont die Kopplung aller vier Kapitalformen, um Werte für alle Beteiligten zu sichern. Dies führt zu einem tiefen Verständnis der Bedürfnisse und Interessen der Stakeholder und zu einer integrativen Sichtweise des Unternehmens und seiner Beziehungen zur Gemeinschaft und Umwelt.

Kopplungen herstellen

Der nächste Schritt besteht darin, auf Basis deiner Ergebnisse aus der Today-Perspektive die Kopplungen zwischen den Subhebeln zu beschreiben.
Dazu verwendest du die einzelnen **Templates „Kopplungen"** für die jeweiligen Hebel und bearbeitest die darin enthaltenen Fragen. Im zweiten Schritt fügst du die drei Ergebnisse auf der Ebene der Hebel im **Template „Big Picture Kopplungs-effekte Today"** zusammen (Seite 114/115).

Template „Kopplungen Today" Antriebshebel

Wenn du die äußeren und inneren Antriebshebel miteinander koppelst.

- [ ] **Was bedeuten die Ergebnisse aus der Today-Perspektive für die vier Kapitalformen (Finanz-, Sozial-, Human- und Naturkapital)?**
- [ ] **Was bedeuten die Ergebnisse aus der Today-Perspektive für die Kommunikation?**

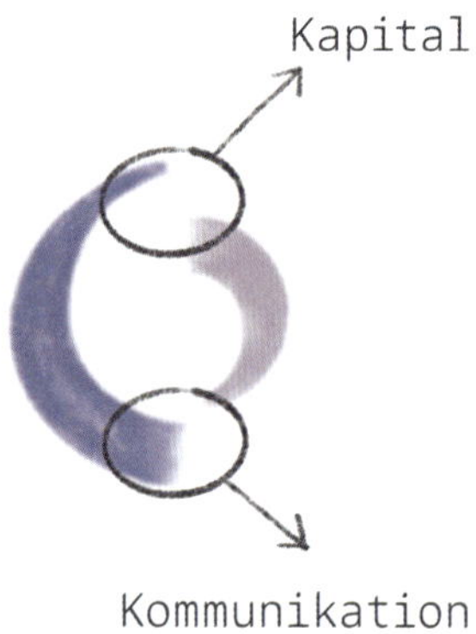

Template „Kopplungen Today" Potenzialhebel

Wenn du Markt & Kunde, Ökosystem und Organisation miteinander koppelst.

- [ ] **Was bedeuten die Ergebnisse aus der Today-Perspektive für die vier Kapitalformen (Finanz-, Sozial-, Human- und Naturkapital)?**
- [ ] **Was bedeuten die Ergebnisse aus der Today-Perspektive für die Kommunikation?**

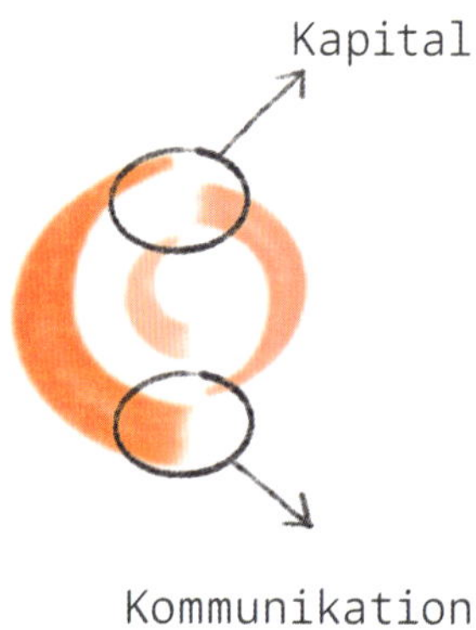

Template „Kopplungen Today“ Werthebel

Wenn du Wert und Resonanz miteinander koppelst.

- [ ] **Was bedeuten die Ergebnisse aus der Today-Perspektive für die vier Kapitalformen (Finanz-, Sozial-, Human- und Naturkapital)?**
- [ ] **Was bedeuten die Ergebnisse aus der Today-Perspektive für die Kommunikation?**

Wenn du alle Effekte in den Subhebeln beschrieben hast, fügst du die Ergebnisse im Template „Big Picture Kopplungseffekte Today“ zusammen. So erhältst du ein Gesamtbild, wie die Themen miteinander verknüpft sind und sich gegenseitig positiv oder negativ beeinflussen. Wenn du zu viele Einzelthemen hast, bilde Cluster, um ein praktikables Ergebnis für die Umsetzung zu erhalten.

Transzendenz

*Wir müssen wieder das Bewusstsein kultivieren,
dass wir Teil eines größeren Ganzen sind.*

Vanja Palmers

6. Schritt: Today & Tomorrow - quantitativ

Zielsetzung

Du hast nun die ersten Bausteine der Today-Phase bearbeitet, den Adaptive Cycle und das Impact Business Oszillogramm mit seinen Kopplungen. Jetzt kommst du zum **quantitativen** Teil, dem **Impact Profiler.** Bis hierher haben du und deine Gefährten sicher wertvolle Erkenntnisse über euer Unternehmen gewonnen. Dieses Systemverständnis benötigt ihr nun für die quantitative Einschätzung.

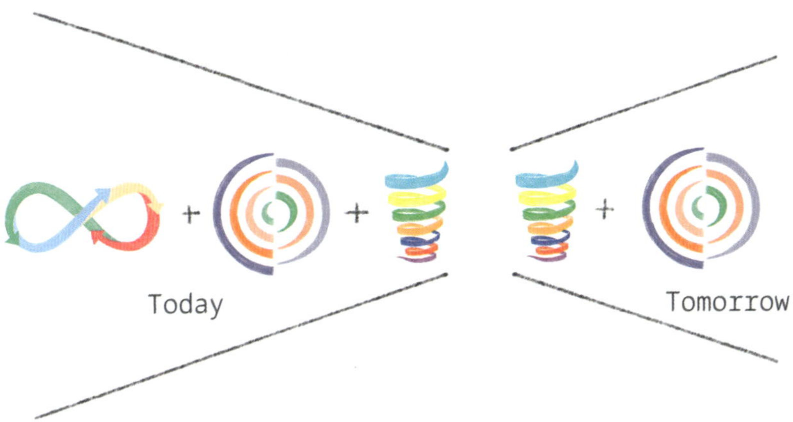

Im Impact Profiler startest du in der Today-Perspektive und bearbeitest direkt im Anschluss den nächsten Arbeitsschritt mit, die Tomorrow-Phase. Dafür steht dir der Impact Profiler als Online-Tool zur Verfügung. Mit ihm machst du den Sprung von Today nach Tomorrow und bereitest den späteren Weg für die qualitative Beschreibung im Impact Business Oszillogramm.

Der Impact Profiler ist ein Tool, das wir gemeinsam mit **Profile Dynamics**, einem auf wissenschaftliche Diagnostik spezialisierten Unternehmen, entwickelt haben. Es basiert auf jahrelanger Erfahrung in der Analyse von individuellen Wertesystemen und Teams. So einzigartig wie die Mitarbeitenden und Teams sind, so einzigartig sind auch Unternehmen. Der Impact Profiler quantifziert die Relevanz von Denk-, Fühl- und Handlungsmustern einer Organisation und macht sie damit steuerbar.

Mit dem QR-Code auf Seite 151 gelangst du direkt zur Online Analyse.

Beschreibung des Online Analyse Tool

Der Impact Profiler ist ein Instrument zur Erfassung von kollektiven Wertesystemen und Antriebsmustern in Organisationen. Die Analyse erfolgt in sieben verschiedenen Grundmustern, die jeweils mit einer Farbe dargestellt werden. Die Methode basiert auf der Entwicklungstheorie des amerikanischen Forschers Clare W. Graves:

Lila strebt nach Sicherheit, Geborgenheit und Loyalität
Rot strebt nach Macht und legt Wert auf Tatkraft und Geschwindigkeit
Blau steht für Ordnung, Struktur und Zuverlässigkeit
Orange steht für Wettbewerb, Gewinn und Zielstrebigkeit
Grün wird durch soziale Verbindungen in Harmonie motiviert
Gelb steht für Freiheit, Kreativität, Innovation
Türkis sucht nach Ruhe durch Relativierung im Bewusstsein, dass alles miteinander verbunden ist

Die Grundannahme dieser Theorie ist, dass jeder Mensch, jedes Team und jede Organisation spezifische Werte haben. Diese korrespondieren mit Antriebsmustern und mit unterschiedlichen Brillen, mit denen die Realität innerhalb und außerhalb des Systems betrachtet wird. Die Brille steht für die subjektiven Denk-, Fühl- und Handlungsmuster des Systems. Jedes System hat also subjektive Wirklichkeiten. Keine davon ist gut oder schlecht, sondern situationsadäquat oder nicht. Jedes Muster hat seine Qualitäten und Tücken. Dieser neutrale Ansatz führt zu einem wertschätzend Umgang mit dem Status Quo (Today). Ihr habt als Organisation bis heute überlebt und werdet euch von diesem Punkt aus konsequent Schritt für Schritt in Richtung Tomorrow bewegen.

Die Muster der Organisation werden auch als Bewusstseinsstufen bezeichnet. Jede Bewusstseinsstufe hat auch eine andere Sprache, mit der sie die Wirklichkeit abbildet und mitgestaltet. Die Entwicklungsthemen tragen wir Menschen, aber auch Organisationen in uns bzw. in sich. Sie bleiben uns erhalten, wobei die Muster im Laufe der Zeit eine eigene Färbung annehmen.

Der Impact Profiler erfasst für jeden Subhebel zwei Elemente. Eure Aufgabe ist es, 14 Aussagen für jedes Element aus Sicht eures Unternehmens – **nicht aus eurer persönlichen Sicht** – zu bewerten. Gemeinsam solltet ihr einen holistischen Blick auf die Organisation nehmen. Zur Einschätzung der Aussagen gibt es eine 7-stufige Skala, die von „stimme gar nicht zu" bis „stimme absolut zu" reicht.

Die Kurzbeschreibung der Elemente und die Kernfragen für das jeweilige Aussagencluster helfen bei der Einschätzung der Präferenzen der Organisation.

Folgendes Vorgehen bietet sich beim Bearbeiten des Impact Profilers an:

1. Today - da stehen wir als Organisation heute
Beginnt zuerst mit der Ist-Einschätzung und geht sukzessive die Aussagen für jeden Subhebel durch und bewertet sie. Das könnt ihr auf zwei Wege tun:

> **Möglichkeit 1**
> Jede Person geht die Aussagen für sich durch und nimmt eine Bewertung vor und ihr führt sie danach zu einer gemeinsamen Einschätzung zusammen.
>
> **Möglichkeit 2**
> Ihr überspringt die individuelle Reflexion und entwickelt direkt die gemeinsame Sicht miteinander.

2. Tomorrow - da wollen wir hin
Macht nun gedanklich einen Zeitsprung, wo euer Unternehmen in 3-5 Jahren stehen soll. Ihr öffnet damit die Möglichkeitsräume eurer Organisation. Geht jetzt die Aussagen nochmals für jeden Subhebel durch und bewertet sie vor dem Hintergrund der Tomorrow-Perspektive.

Wie bei Today, könnt ihr das mit einer Einzelbewertung vorab oder sofort im gemeinsamen Diskurs tun.

Auch die quantitative Betrachtung erfordert Zeit, da ihr eure individuellen Einschätzungen miteinander abgleichen müsst, um die jeweiligen Aussagen zu bewerten. Die Mühe lohnt sich, denn am Ende steht ein einprägsames **Today-Tomorrow-Bild** eures Unternehmens, bunt auf weiß.

Türkis: Ganzheitlichkeit, Allverbundenheit, Spiritualität

Gelb: Freiheit, Kreativität, Innovation

Grün: Harmonie, Sozialgefühl, Gruppengefühl

Orange: Ergebnisse, Gewinn, Zielstrebigkeit

Blau: Ordnung, Struktur, Zuverlässigkeit

Rot: Tatkraft, Macht, Tempo

Lila: Sicherheit, Geborgenheit, Loyalität

Impact Profiler

Deep Dive

Entstehung

Der Impact Profiler hat seinen Ursprung in der „Level of Existence"-Theorie des amerikanischen Psychologieprofessors Clare W. Graves. Er unterschied sieben intuitiv erkennbare Wertesysteme, die das menschliche Denken und Handeln bestimmen. Don Beck machte diese Erkenntnisse unter dem Namen Spiral Dynamics bekannt. Der Ansatz integriert grundlegende Erkenntnisse aus vielen Wissenschaften. Ein zentraler Baustein der Integralen Theorie sind die verschiedenen Stadien der Entwicklung. Diese Stadien werden als Ebenen, Stufen oder Meme bezeichnet. Sie beschreiben die Muster des Denkens, Fühlens und Handelns, differenziert nach Ebenen. Diese Systematik kennen wir auch von den Organisationsebenen der Biologie. Dort sind es die Abfolgen Atom, Molekül, Zelle, Organ und Organismus.

Warum diese Theorie?

Wie bei den Organisationsebenen des Lebens (Atom, Molekül, Zelle, Organe, Organismus) gilt auch hier: Jede Entwicklungsstufe geht über die vorhergehende hinaus und schließt sie ein. Alles aus den vorhergehenden Stufen transzendiert die alte Stufe und wird in einer neuen Stufe immanent. Dabei ist die vorherige Stufe nicht weniger wert, sondern sie wird bedeutsamer, weil sie ein Mehr an Sein einschließt, dass für ein Mehr an Realität steht, wie Ken Wilber es nennt.

Für das Impact Business Design und die enkelfähige Entwicklung von Organisationen ist diese Tatsache von entscheidender Bedeutung. Denn die zunehmende Komplexität und Dynamik unserer ökonomischen und ökologischen Entwicklung braucht dieses Mehr an Realität, um dauerhaft im Spiel zu bleiben. Oder anders ausgedrückt: Das Unternehmen braucht ein Design, das zu adäquaten Haltungs- und Verhaltensstrategien führt. Das sorgt für nachhaltige Werte, die den Ansprüchen der drei großen Stakeholder gerecht werden: People, Planet, Profit.

Entwicklungsstufen

Entwicklungsstufen in Organisationen sind Denk-, Fühl- und Handlungsrahmen. Mit jeder Entwicklungsstufe verändere ich den Haltungs- und Verhaltensrahmen.
Eine gesunde Entwicklung integriert die Erfahrungen der vorhergehenden Entwicklungsstufen und spaltet sie nicht als minderwertig ab. Der Rahmen wird weiter, die Fähigkeit, Zusammenhänge ganzheitlich zu erfassen, nimmt zu. Je höher die Entwicklungsstufe, desto umfangreicher ist die Integration von Informationen aller Art. Dabei lassen sich die Informationen wie folgt unterteilen:

Betrachtungs-Rahmen: Festlegung der Betrachtungsgrenzen, welche Systeme in den Kontext einbezogen werden

Sozialer Rahmen: Umgang und Zusammenarbeit von Menschen (in Verbindung mit Technologie), sowie die Entscheidungsfindung

Technischer Rahmen: Materielle Aspekte, wie zum Beispiel Technik, Maschinen, Geräte, Objekte sowie deren Nutzung

Organisatorischer Rahmen: Aspekte, die den Aufbau und die Struktur der Organisation betreffen

Zeitlicher Rahmen: Zeitpunkte und zeitliche Abläufe

Beck und Cowan haben in ihrem Buch zu Spiral Dynamics die Entwicklungsstufen mit folgenden Annahmen zusammengefasst:

1. Die Natur des Menschen ist weder statisch noch endlich. Sie verändert sich, wenn sich die Lebensbedingungen ändern, und bringt so eine neue Ebene hervor. Dennoch bleiben die alten Systeme in uns.

2. Wenn eine neue Ebene aktiviert wird, ändern wir unsere Psychologie und unsere Lebensregeln, um uns an diese neuen Bedingungen anzupassen.

3. Wir leben in einem potenziell offenen Wertesystem mit einer unendlichen Anzahl von Lebensregeln. Es gibt kein Endstadium, das wir alle anstreben müssen.

4. Ein Individuum, ein Unternehmen oder eine Gesellschaft kann nur auf jene Führungsprinzipien, Motivationsanreize, Gesetze oder ethischen Richtlinien positiv reagieren, die dem aktuellen Stand der menschlichen Existenz entsprechen.

Die Präferenzen dieser Wertesysteme bleiben über längere Zeit relativ konstant, auch wenn Lebenserfahrungen (insbesondere Krisen) und Umweltveränderungen Verschiebungen bewirken können. Die Art und Weise, wie wir die Realität wahrnehmen, hängt vom Entwicklungsprozess des jeweiligen Systems ab.

Mit dem QR Code gelangst du zum Impact Profiler Online-Tool.

https://impact-business-design.de

Transzendenz

Zukunft kann man am besten gestalten,
indem man sie selbst erfindet.

Alan Kay

7. Schritt: Tomorrow - qualitativ

Zielsetzung

Du hast die Today- und Tomorrow-Perspektive im Impact Profiler bearbeitet und beendet. Nun geht es weiter im Impact Business Oszillogramm mit der Tomorrow-Perspektive und den Verknüpfungen zwischen den Subhebeln.

Du hast bereits:

1. den Lebenszyklus deines Unternehmens in den Adaptive Cycle eingeordnet,
2. den Zustand deines Unternehmens aus der Today-Perspektive im Impact Business Oszillogramm analysiert und die Today-Kopplungen erstellt und
3. die Today- und Tomorrow-Analyse mit dem Impact Business Profiler durchgeführt.

Wenn du alle Module bearbeitet hast, liegen dir diese Ergebnisse vor. Herzlichen Glückwunsch, du hast schon eine Menge Arbeit hinter dir. Du bist nun voll in der Materie und in der methodischen Arbeit mit dem Impact Business Design angekommen. Alle weiteren Schritte bauen darauf auf. Konsistenz ist wichtig. Wenn dir ein Baustein fehlt, dann erarbeite dir am besten zuerst das Ergebnis, bevor du zum nächsten Schritt übergehst.

Du hast auch verstanden, warum das Modell Impact Business Oszillogramm heißt: Weil kein Element für sich allein steht, sondern immer mit anderen Elementen gekoppelt ist und in unterschiedlichen Dynamiken oszilliert. Durch die Hebellogik des Modells wird sehr schnell deutlich, welche Auswirkungen Entscheidungen oder Bewertungen an den äußeren Hebeln auf die inneren Hebel haben. Dies wird dir den Umgang mit den Tools in den folgenden Modulen erleichtern.

In der nächsten Phase arbeitest du an zwei wichtigen Schritten.

1. Du wechselst im qualitativen Teil die Perspektive von Today auf Tomorrow.
2. Mit den Ergebnissen beschreibst du die systemischen Kopplungseffekte zu Kapital und Kommunikation.

Mit der Tomorrow-Perspektive entwirfst du eine Vision, wie sich dein Unternehmen zu einer Impact First Organisation entwickelt und wo dein Unternehmen in drei bis fünf Jahren stehen soll. Damit öffnest du die Möglichkeitsräume deiner Organisation. Jetzt geht es darum, die Zukunft zu gestalten. Und es geht auch darum, Klarheit darüber zu gewinnen, wie stimmig die einzelnen Hebel intern, extern und untereinander sind. Aus dieser Gap Analyse leiten sich dann die Maßnahmen ab, die du für die Umsetzung auf dem Weg zu Impact First benötigst.

Du wirst feststellen, dass manchmal nur kleine Nuancen in der Fragestellung zwischen Today und Tomorrow liegen. Es kann sein, dass du im Today schon Fragen aus der Tomorrow-Perspektive beantwortet hast. Dann hilft es dir, wenn du noch einmal nacharbeitest. Erst wenn die Unterschiede zwischen Today und Tomorrow deutlich werden, eröffnen sich neue Möglichkeitsräume für die Zukunft. Nimm dir Zeit, diese Unterschiede klar herauszuarbeiten.

Beschreibung des Template

Im Template „**Impact Business Canvas: Tomorrow**“ kannst du deine Ergebnisse festhalten. Die Erklärung der Hebel im Detail ist im letzten Kapitel erfolgt. Sollten bei der Bearbeitung Fragen zu entsprechenden Definitionen auftreten, kannst du einfach im Today-Kapitel nachlesen.

Impact Business Canvas: Tomorrow

Wo wollen wir hin?

I. Äußerer Antrieb		
Natur	Mensch	Gesellschaft

III. Markt & Kunde				
Wirtschaft	Trends	Markt-angebote	Kunden	Konsumenten

V. Ökosystem		
Partner	Zulieferer	Mitbewerber

VII. Resonanz			
Kernbot-schaft	Marke	Wirkung	Feedback

Antriebshebel-Kopplungen	
Kommunikation	Kapital

Trage die Antworten der nachfolgenden Leitfragen in die jeweiligen Felder der Impact Business Canvas ein.

II. Innerer Antrieb				
Purpose	Mission	Vision	Strategie	Ziele

IV. Organisation				
Struktur	Prozesse	Mitarbeitende	Verhalten	Kultur

VI. Wert		
Output	Problem-lösung	Wertangebot

Potenzialhebel-Kopplungen	
Kommunikation	Kapital

Werthebel-Kopplungen	
Kommunikation	Kapital

I. Äußerer Antrieb

Natur

- [ ] Welche Bedeutung haben die Natur und ihre Ressourcen für die Zukunft unserer Organisation?
- [ ] Wie verantwortungsvoll gehen wir zukünftig mit ihren Ressourcen um?
- [ ] Welchen Planeten wollen wir unseren Enkelkindern hinterlassen?
- [ ] Wie gut verstehen wir die Natur und wie gut leben wir im Einklang mit ihr?

Mensch

- [ ] Wie wichtig ist uns der Mensch in den Systemen (Gesellschaft, Unternehmen, Partner, Kunden etc.)?
- [ ] Wie wollen wir von den Menschen in Zukunft gesehen werden? Und wie nicht?

Gesellschaft

- [ ] Wie sehen wir uns in Zukunft mit der Gesellschaft verbunden?
- [ ] Wie sehen wir die gesellschaftliche Entwicklung mit ihren Chancen und Risiken?
- [ ] Was ist unser Impact First Beitrag für die Entwicklung der Gesellschaft?

II. Innerer Antrieb

Purpose

- ☐ Was ist der Sinn unserer Organisation in der Zukunft?
- ☐ Warum treten wir diese Reise an?
- ☐ Wofür tun wir das?
- ☐ Wem oder was geben wir Bedeutung auf dem Weg zu Impact First?
- ☐ Wofür existieren wir?

Mission

- ☐ Wie setzen wir unseren Purpose zukünftig um?
- ☐ Worauf fokussiert unsere Organisation in Zukunft ihre Energie?
- ☐ Wie lässt sich der Output der Organisation übergeordnet zusammenfassen?

Vision

- [ ] Wie sieht unsere Impact First Organisation in 3-5 Jahren aus?
- [ ] Welches Bild haben wir von der Zukunft?
- [ ] Was gibt uns Hoffnung und worauf wollen wir stolz sein?
- [ ] Was werden wir dann erreicht haben?
- [ ] Für was würden wir uns schämen?

Strategie

- [ ] Wie sehen die langfristigen Maßnahmen im Kontext der äußeren Hebel und unserer Vision aus?
- [ ] Welche Hindernisse müssen in Zukunft überwunden werden?
- [ ] Was werden wir zukünftig nicht mehr tun?
- [ ] Welche Stärken und Kapazitäten haben wir und welche müssen wir entwickeln?
- [ ] Wie definieren wir den Erfolg von Impact First, den wir erreichen wollen?

Ziele

- [ ] Wie verändern sich unsere Ziele durch Impact First?
- [ ] Welche Impact First Ziele setzen wir uns kurz-, mittel- und langfristig?
- [ ] Wie operationalisieren wir die Ziele und wie messen wir sie?

III. Markt und Kunde

Wirtschaft

- [ ] Wie definieren wir Wirtschaft aus Sicht von Impact First?
- [ ] Was ist unsere Rolle in der Wirtschaft der Zukunft?
- [ ] Wie wollen wir sie mitgestalten?

Trends

- [ ] Auf welche technologischen, politischen, sozialen und rechtlichen Treiber legen wir zukünftig besonders wert?
- [ ] Wie gehen wir zukünftig mit Trends um?
- [ ] Wie gehen wir mit Nachhaltigkeit um - sozial, ökologisch und ökonomisch?

Marktangebote

- [ ] Welche Probleme lösen wir zukünftig im Markt?
- [ ] Wie wollen wir uns als Impact First Unternehmen differenzieren?
- [ ] Welche Angebote gibt es am Markt?
- [ ] Welche Bedürfnisse bedienen wir in Zukunft?

Kunden

- [ ] Verändern sich unsere Kunden und Zielgruppen?
- [ ] Welche Probleme, Bedürfnisse und Werte haben unsere zukünftigen Kunden?
- [ ] Welche Kundentypologien und Kundensegmente gibt es?
- [ ] Was wissen wir über unsere Kunden und was nicht?

Konsumenten

- [ ] Verändern sich unsere Konsumenten und Zielgruppen?
- [ ] Welche Probleme, Bedürfnisse und Werte haben unsere zukünftigen Konsumenten?
- [ ] Welche Konsumententypologien und Konsumentensegmente gibt es?
- [ ] Was wissen wir über unsere Konsumenten und was nicht?

IV. Organisation

Struktur

- [ ] Wie sieht die formelle Struktur unserer Impact First Organisation zukünftig aus?
- [ ] Wie sieht die informelle Struktur unserer Impact First Organisation in Zukunft aus?
- [ ] Wo gibt es Abweichungen?

Prozesse

- [ ] Wie werden zukünftig Produkte und Dienstleistungen erstellt (Kernprozesse, Managementprozesse, Hilfsprozesse)?
- [ ] Wie erzeugen wir unsere Wertangebote als Impact First Organisation?
- [ ] Welche besonderen Fähigkeiten sind dafür zukünftig erforderlich?

Mitarbeitende

- [ ] Wer sind zukünftig die Mitarbeitenden unserer Organisation?
- [ ] Was zeichnet die Mitarbeitenden einer Impact First Organisation aus (Hard-Skills, Soft-Skills, Alter, Geschlecht, Ethnie/Hautfarbe, Behinderung, Religion etc.)?
- [ ] Wie ist ihre Motivstruktur, zum Beispiel intrinsisch, zielgetrieben oder extrinsisch?

Verhalten

- [ ] Welche Verhaltensweisen und Reaktionsmuster wollen wir in Zukunft in einer Impact First Organisation sehen?
- [ ] Wie findet Lernen zukünftig statt?
- [ ] Welches Engagement erwarten wir?
- [ ] Welches Klima soll in der Organisation herrschen?
- [ ] Welche Unterschiede auf den Ebenen (Gesamtorganisation, Teilbereiche, Individuen) kann es zukünftig geben?

Kultur

- [ ] Welche „kollektive Haltung“ soll unsere zukünftige Organisation prägen?
- [ ] Welche Werte soll unsere Impact First Organisation zukünftig teilen?
- [ ] Welche Glaubenssätze sollen in einer Impact First Organisation leitend sein (in Bezug auf Status, Macht, Autoritäten, zwischenmenschliche Beziehungen, Bedürfnisse, Diversity, Arbeit und Beruf etc.)?
- [ ] Welche Einstellungen und Verhaltensweisen sollen belohnt, welche abgelehnt oder bestraft werden?

V. Ökosystem

Partner

- [ ] Wie definieren wir Partner in der Zukunft?
- [ ] Was wird sich an unserem Partnernetzwerk ändern?
- [ ] Welches Partnernetzwerk wollen wir in Zukunft haben?
- [ ] Was sind die Bedürfnisse und Werte unserer Partner?

Zulieferer

- [ ] Wie definieren wir Zulieferer zukünftig?
- [ ] Was wird sich in unserem Zuliefernetzwerk ändern?
- [ ] Welches Zulieferernetzwerk wollen wir in Zukunft haben?
- [ ] Welche Bedürfnisse und Werte haben unsere Zulieferer?
- [ ] Was unterscheidet Zulieferer zukünftig von Partnern?

Mitbewerber

- [ ] Welche Marktbegleiter und Mitbewerber haben wir durch unsere Impact First Strategie?
- [ ] Was sind ihre äußeren und inneren Treiber?
- [ ] In welcher Beziehung stehen wir zu ihnen?

VI. Wert

Output

- ☐ Welche Produkte, Dienstleistungen und Informationen bieten wir in Zukunft an?
- ☐ Was zeichnet Produkte, Dienstleistungen und Informationen einer Impact First Organisation aus?
- ☐ Wie wird unser zukünftiger Output aussehen?
- ☐ Welchen Impact hat unser Output?

Problemlösung

- ☐ Welche Probleme lösen unsere Angebote in Zukunft?
- ☐ Welche Probleme erzeugen unsere Angebote zukünftig?

Wertangebot

- [ ] Welchen Wert bietet unser zukünftiger Output?
- [ ] Welche Produkte, Dienstleistungen und Informationen brauchen unsere Kunden?
- [ ] Wie erwirtschaften wir Erträge aus der Kombination?

VII. Resonanz

Kernbotschaft

- [ ] Wie kommunizieren wir unsere Impact First Vision und unseren Purpose?
- [ ] Was sind unsere Kernbotschaften für Marketing, Verkauf und Vertrieb?

Marke

- [ ] Wie finden sich alle Subhebel in unserem zukünftigen Markenkern wieder?
- [ ] Welche Resonanz wollen wir mit unserer Marke erzeugen?
- [ ] Welche Werte spiegelt unsere Marke zukünftig wider?
- [ ] Wieviel Vertrauen und Orientierung schafft unsere Marke in Zukunft?

Wirkung

- [ ] **Welche zukünftige Wirkung wollen wir mit unserem Verhalten erzielen?**
- [ ] **Wie wollen wir zukünftig unsere Wertangebote kommunizieren und vermarkten?**
- [ ] **Wie wollen wir unsere Wirkung zukünftig besser wahrnehmen?**

Feedback

- [ ] **Auf welchen Ebenen wollen wir welches Feedback von außen?**
- [ ] **Auf welchen Ebenen wollen wir welches Feedback von innen?**
- [ ] **Wie sehr schätzen wir Feedback?**
- [ ] **Wie sehr beziehen wir Feedback in unsere Veränderungen mit ein?**

Zum Abschluss der Bearbeitung in der Tomorrow-Perspektive nimmst du dir wieder die Kopplungen vor. Du kennst das Modell bereits und hast damit schon in der Today-Perspektive gearbeitet. Sollten dir Informationen zu den Hintergründen fehlen, findest du sie dort beschrieben (Seite 113).

Kopplungen herstellen

Der nächste Schritt besteht darin, auf Basis deiner Ergebnisse aus der Tomorrow-Perspektive die Kopplungen zwischen den Subhebeln zu beschreiben. Dazu verwendest du die einzelnen **Templates „Kopplungen"** für die jeweiligen Hebel und bearbeitest die darin enthaltenen Fragen. Im zweiten Schritt fügst du die drei Ergebnisse auf der Ebene der Hebel im **Template „Big Picture Kopplungseffekte Tomorrow"** zusammen (Seite 158/159).

Template „Kopplungen Tomorrow" Antriebshebel

Wenn du die äußeren und inneren Antriebshebel miteinander koppelst.

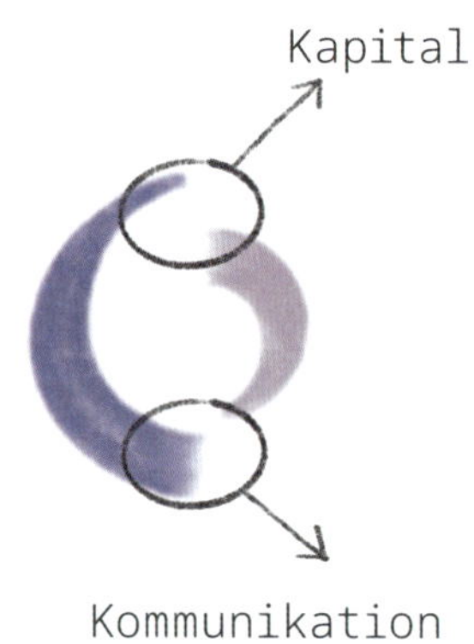

- [ ] **Was bedeuten die Ergebnisse aus der Tomorrow-Perspektive für die vier Kapitalformen (Finanz-, Sozial-, Human- und Naturkapital)?**
- [ ] **Was bedeuten die Ergebnisse aus der Tomorrow-Perspektive für die Kommunikation?**

Template „Kopplungen Tomorrow" Potenzialhebel

Wenn du Markt & Kunde, Ökosystem und Organisation miteinander koppel

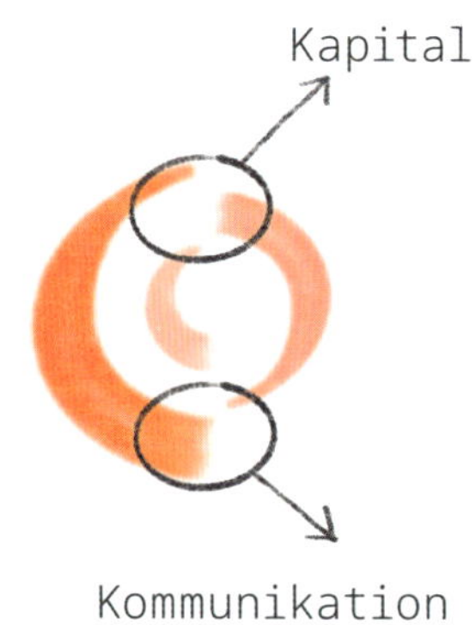

- [ ] **Was bedeuten die Ergebnisse aus der Tomorrow-Perspektive für die vier Kapitalformen (Finanz-, Sozial-, Human- und Naturkapital)?**
- [ ] **Was bedeuten die Ergebnisse aus der Tomorrow-Perspektive für die Kommunikation?**

Template „Kopplungen Tomorrow" Werthebel

Wenn du Wertangebot und Resonanz miteinander koppelst.

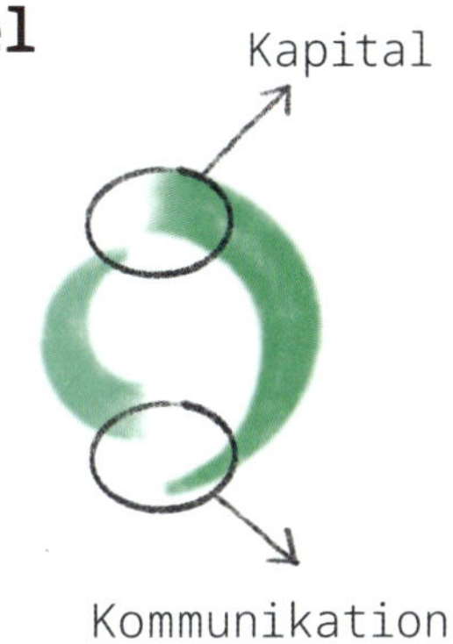

- ☐ **Was bedeuten die Ergebnisse aus der Tomorrow-Perspektive für die vier Kapitalformen (Finanz-, Sozial-, Human- und Naturkapital)?**
- ☐ **Was bedeuten die Ergebnisse aus der Tomorrow-Perspektive für die Kommunikation?**

Wenn du alle Effekte in den Subhebeln beschrieben hast, fügst du die Ergebnisse im Template **„Big Picture Kopplungseffekte Tomorrow"** zusammen. So erhältst du ein Gesamtbild, wie die Themen miteinander verknüpft sind und sich gegenseitig positiv oder negativ beeinflussen. Wenn du zu viele Einzelthemen hast, bilde Cluster, um ein praktikables Ergebnis für die Umsetzung zu erhalten.

Transzendenz

*Jede Spannung, die wir spüren, ist ein Wegweiser,
der uns sagt, wie sich die Organisation entwickeln könnte,
um ihren Sinn und ihre Aufgabe besser zu erfüllen.*

Brian J. Robertson

8. Schritt: GAP

Zielsetzung

Nach der Analyse und Betrachtung von Today und Tomorrow werden sich unterschiedliche Lücken auftun. Wir nennen sie Gap, Spannung oder Differenz. In den Schritten 4 bis 7 haben wir die Komplexität zugelassen, den Blick geweitet und Perspektiven geöffnet. In Schritt 8 geht es darum, Themen zu verdichten, die Komplexität zu vermindern, die Lücke zwischen Today und Tomorrow zu schließen. Und zwar mit den Interventionen, die den größten Hebeleffekt in Bezug auf die Transformation haben.

Es geht um Wirkung im Wesentlichen!

Zuvor bietet sich ein kurzer Zwischenschritt an, um aus der intensiven Beschäftigung mit eurem Unternehmen weitere Erkenntnisse zu ziehen.

Der 8. Schritt: Gap ist in vier Einzelschritte unterteilt:

A. Reflektieren
Was haben wir in den Phasen Today und Tomorrow gelernt?

B. Explizieren
Welche Spannung entsteht zwischen Today und Tomorrow aus den qualitativen und quantitativen Überlegungen?

C. Transponieren
Welche Impact-Maßnahmen können wir daraus ableiten?

D. Priorisieren
Welche Impact-Maßnahmen liefern den größten Wertbeitrag für die Transition?

Beschreibung des Templates

A. Reflektieren
Was habt ihr in den Phasen Today und Tomorrow gelernt?

In den Schritten 4 bis 7 habt ihr euch intensiv mit eurem Unternehmen auseinandergesetzt. Trotz aller Bemühungen, euer System in Today und Tomorrow möglichst objektiv zu beschreiben, galt es, die Einschätzungen auf Basis eurer individuellen Realitäten zu konsolidieren. Gerade diese Vielfalt an Perspektiven macht den Prozess anregend und bereichernd. Euer Ergebnis ist einzigartig, weil es in dieser Form nie wieder vorkommen wird. Selbst wenn ihr den Prozess in der gleichen Zusammensetzung wiederholt, werdet ihr zu anderen Ergebnissen kommen, da sich sowohl eure Sicht auf das Unternehmen verändert hat, als auch der Kontext ein anderer sein wird.

Reflektieren

Um diese Erkenntnisse festzuhalten und für euch nutzbar zu machen, beantwortet die folgenden Fragen:

- [ ] **Was habt ihr über eure Organisation im Today gelernt?**
- [ ] **Was habt ihr über eure Organisation im Tomorrow gelernt?**
- [ ] **Was habt ihr über die sich daraus ergebende Spannung gelernt?**

B. Explizieren
Welche Spannung entsteht zwischen Today und Tomorrow aus den qualitativen und quantitativen Überlegungen?

Über die drei Ansätze – Adaptive Cycle, Impact Business Oszillogramm und Impact Profiler – habt ihr die Differenzen zwischen Today und Tomorrow identifiziert. Wenn ihr alle sieben Subhebel mit ihren Elementen und die quantitative Analyse mit dem Impact Profiler bearbeitet habt, liegt jetzt alles Wesentliche vor. Nun geht es darum, die Ergebnisse zu bewerten und daraus die wesentlichsten Impact-Maßnahmen für die Umsetzung abzuleiten.

Der Impact Profiler liefert euch tabellarisch und grafisch die Spannungen zwischen Today und Tomorrow auf der Ebene der Subhebel (6. Schritt). Aus den Ergebnissen des Impact Business Osszillators (5. und 7. Schritt) könnt ihr die Spannungen für die Elemente der Subhebel sowie die Kopplungen ableiten.

Fasst die Spannungen in dem Impact Business Canvas Template zusammen.

Nur durch das Aufzeigen von Spannungen erhalten Organisationen die Triebfeder für Weiterentwicklung und somit die Chance, dauerhaft im Spiel zu bleiben.

Impact Business Canvas: Spannungen

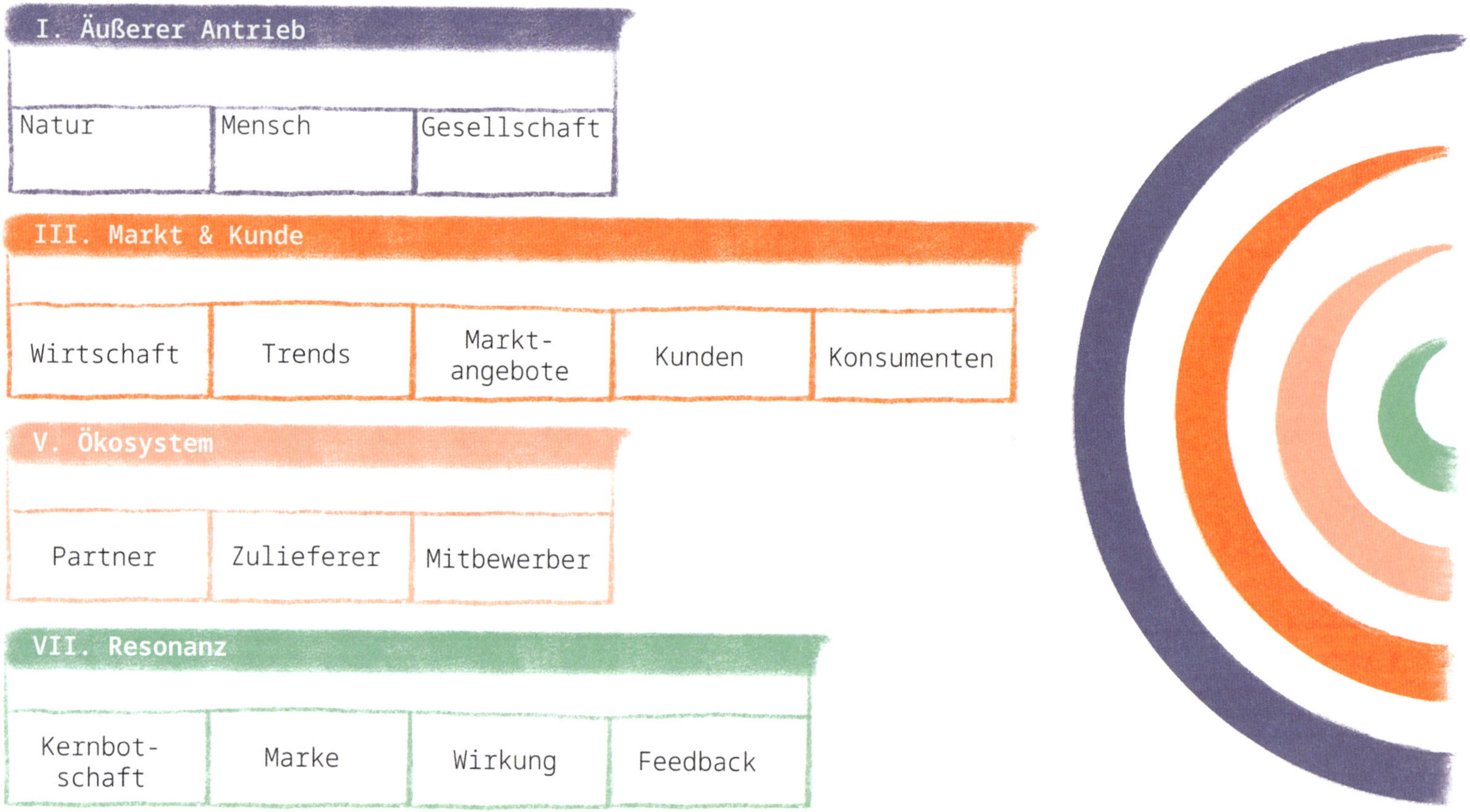

1. Trage die Spannungen, die sich im Impact Profiler: Today und Tomorrow ergeben, in die Felder der Subhebel ein.
2. Trage die Spannungen der Impact Business Canvases: Today und Tomorrow in die Felder der Elemente und Kopplungen ein.

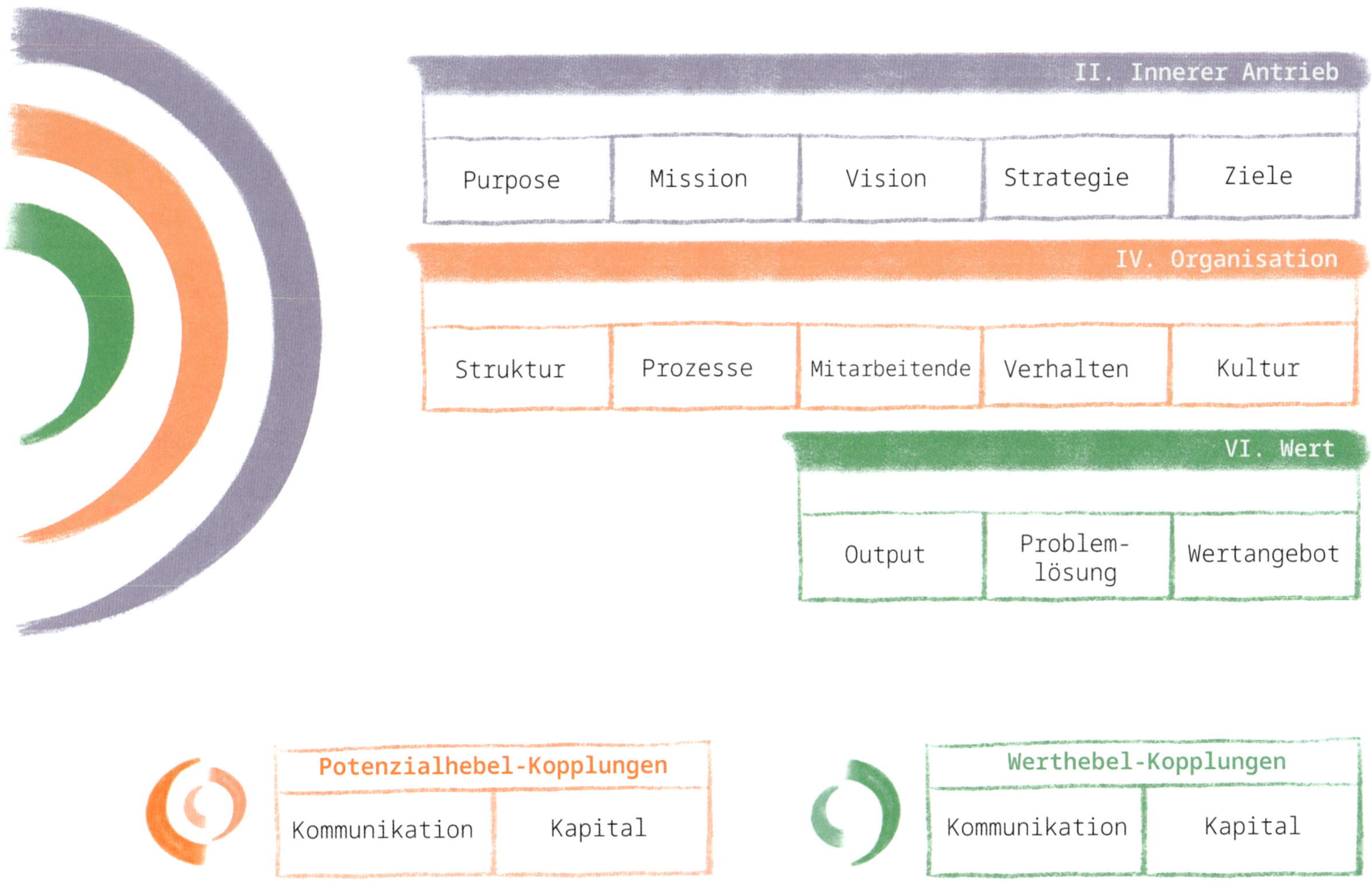
II. Innerer Antrieb
Purpose
Mission
Vision
Strategie
Ziele
IV. Organisation
Struktur
Prozesse
Mitarbeitende
Verhalten
Kultur
VI. Wert
Output
Problem-lösung
Wertangebot
Potenzialhebel-Kopplungen
Kommunikation
Kapital
Werthebel-Kopplungen
Kommunikation
Kapital

C. Transponieren
Welche Impact-Maßnahmen können wir daraus ableiten?

In diesem Schritt geht es darum, die entstandenen Spannungen aufzulösen. Dabei können zwei Betrachtungen hilfreich sein:

Betrachtung I:
Erkenntnisse aus dem Explizieren meiner Spannungen
(siehe vorheriger Schritt)

Die Erkenntnisse aus dem Impact Business Canvas könnt ihr bei Bedarf weiter verdichten. Beschreibt dazu in wenigen Worten eure Erkenntnisse in nachfolgender Gliederung.

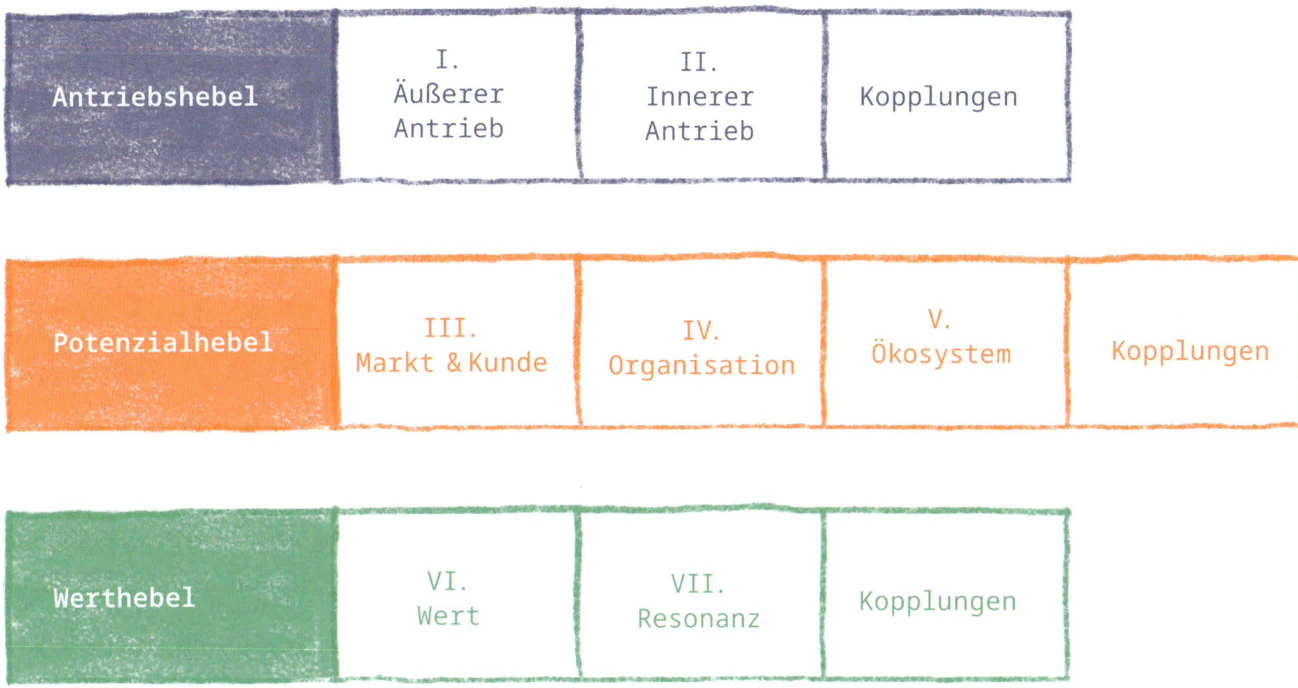

Impact Business Spannungen - verdichtet

Betrachtung II:
Einschätzung von Potenzialen und Risiken für eure Organisation
Potenzialfelder sind Chancen, die sich für euer Unternehmen ergeben.
Risikofelder sind Gefahren, die euer Unternehmen existenziell bedrohen.

Bei der Festlegung von Potenzialen helfen dir folgende Leitfragen:

- [ ] **Welche Potenziale ergeben sich für uns?**
- [ ] **Wie groß sind die Chancen, die sich daraus ergeben?**
- [ ] **Was müssen wir tun, um die Potenziale zu nutzen?**
- [ ] **Wo liegt die Differenzierung im Markt, wenn wir die Potenziale umsetzen?**

Bei der Einschätzung von Risiken helfen dir diese Leitfragen:

- [ ] **Welche Risiken können wir erkennen?**
- [ ] **Wie hoch ist die Wahrscheinlichkeit, dass dieses Risiko eintritt?**
- [ ] **Wie hoch ist der mögliche Schaden?**
- [ ] **Gibt es Alternativen ohne das Risiko?**
- [ ] **Bringen die Alternativen andere Risiken mit sich?**
- [ ] **Können wir uns gegen dieses Risiko „versichern“?**

Aus der Betrachtung I und II leitet ihr dann die Impact-Maßnahmen ab. Hier geht es zuerst um die Sammlung, nicht um die Bewertung. Diese erfolgt im nächsten Schritt der Priorisierung.

Die Maßnahmen beantworten folgende Fragen:

- [ ] **Was wollet ihr auf dieser Basis umsetzen?**
- [ ] **Was wollt ihr konkret anpacken und verändern?**

Beschreibe die Impact-Maßnahmen so klar und präzise wie möglich. Sie sollten eindeutig und leicht verständlich sein. Das folgende Template ist ein Instrument, das schrittweise ausgefüllt und weiterentwickelt werden kann. Es enthält viele Einzelelemente, die alle zusammen im Kontext der definierten Maßnahme stehen. Für eine effektive Nutzung gilt: Für jede Maßnahme ein eigenes Template.

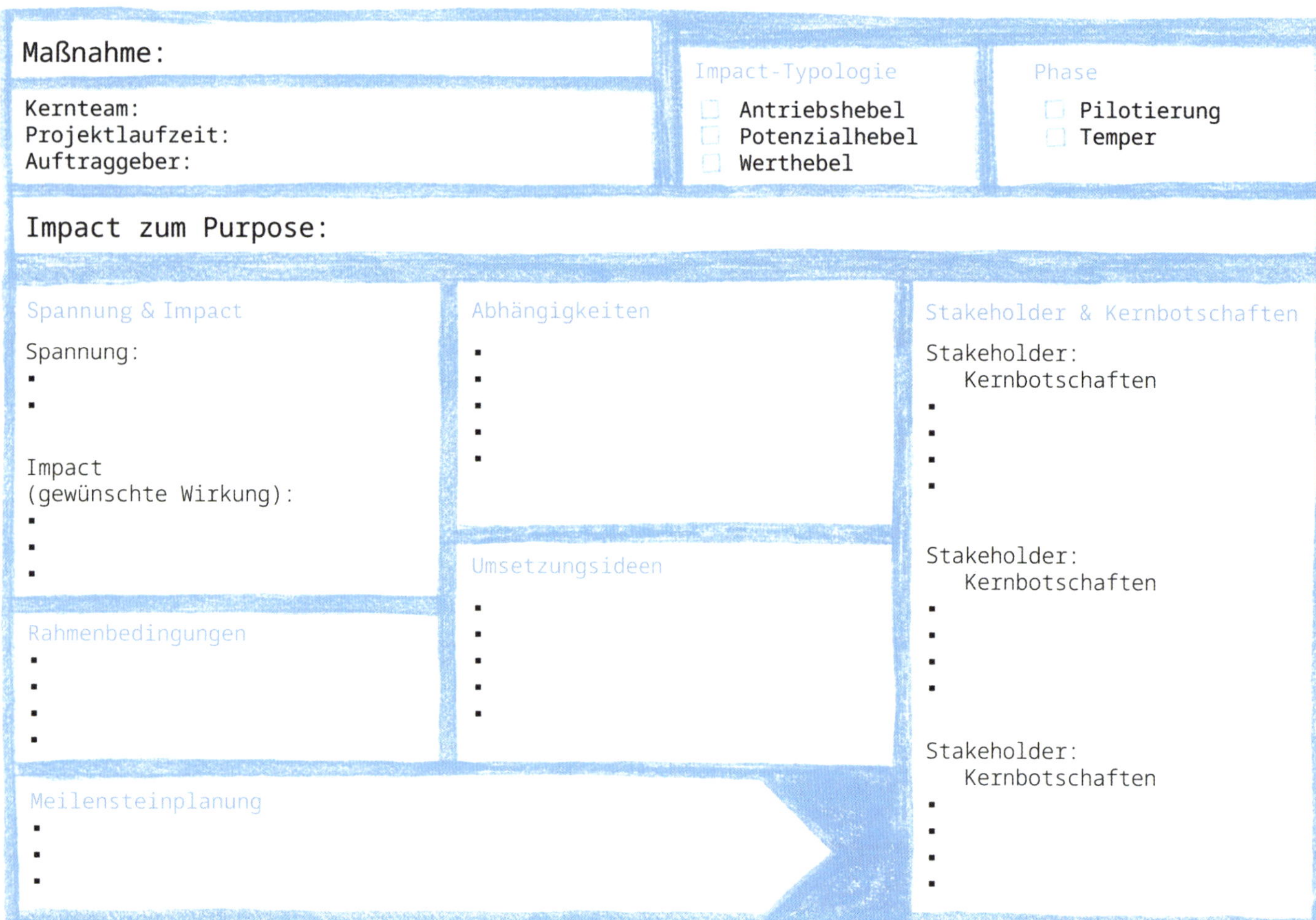

Impact-Maßnahmen

D. Priorisieren: Welche Impact-Maßnahmen liefern den größten Wertbeitrag für die Transition?

Die Priorisierung der Interventionsoptionen ist ein entscheidender Schritt zur Fokussierung. Es gilt die Optionen auszuwählen, die den größten Beitrag leisten, die Enkelfähigkeit eurer Organisation langfristig sicherzustellen.

D1: Impact-Matrix

Ordnet alle entwickelten Maßnahmen den Transitionshebeln zu:

Welche Impact-Maßnahmen sind dem Antriebshebel zuzuordnen?

Welche Impact-Maßnahmen sind dem Potenzialhebel zuzuordnen?

Welche Impact-Maßnahmen sind dem Werthebel zuzuordnen?

Fügt die Impact-Maßnahmen in die Vier-Felder-Impact-Matrix ein.

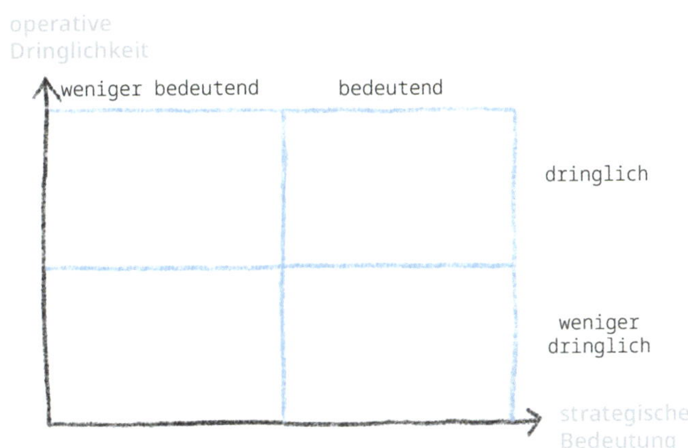

Impact-Matrix

D2: Priorisierung
Der Impact Profiler zeigt die Spannung über alle Transformationshebel. Dabei ergibt sich das **erste Priorisierungscluster**:

Prio 1
Spannungen im Antriebshebel
(zwischen äußerem Antrieb und innerem Antrieb)

Prio 2
Spannungen im Potenzialhebel
(zwischen Markt & Kunden, Ökosystem und Organisation)

Prio 3
Spannungen im Werthebel
(zwischen Wert und Resonanz)

Das **zweite Priorisierungscluster** ergibt sich durch die Chancen- und Risikobetrachtung. Teilt eure Impact-Maßnahmen in vier Handlungsfelder ein:

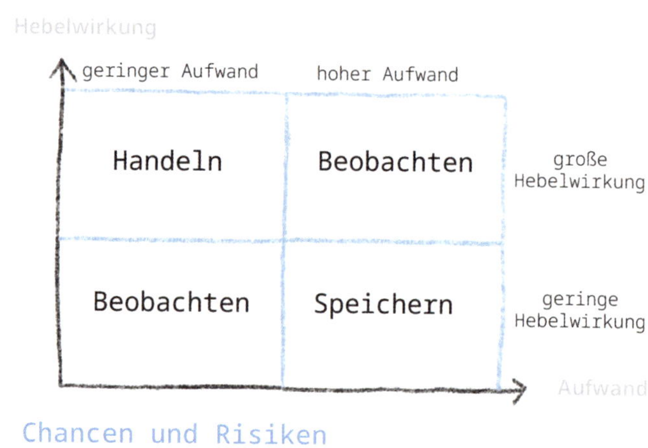

D3: Interventions-Backlog
Bringt jetzt die Impact-Maßnahmen in eine Rangreihe und schreibt sie in das Backlog.

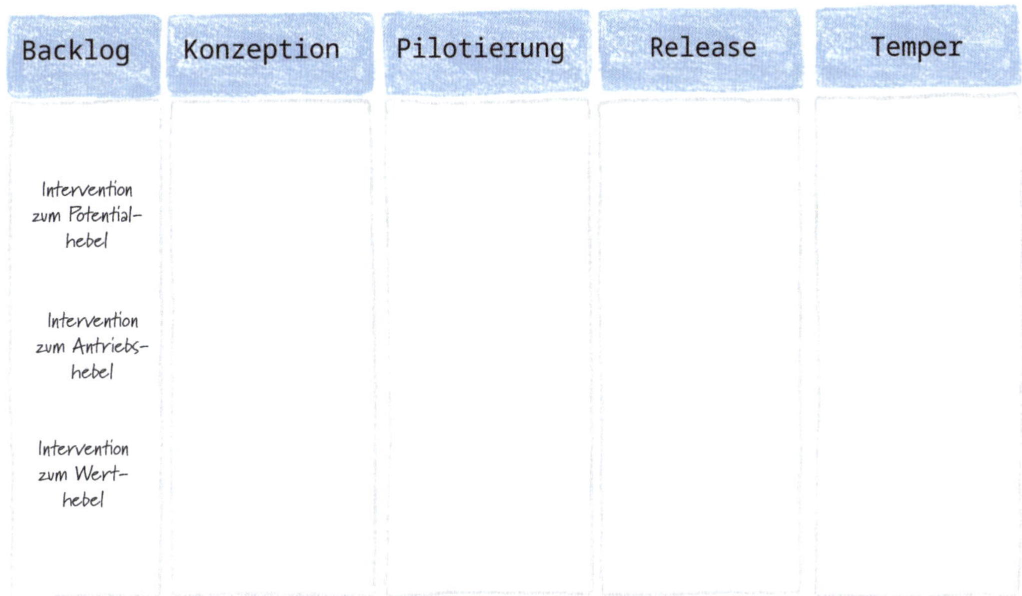

Interventions-Backlog

Deep Dive

Spannungen

Den Begriff Spannung nutzen wir im Kontext der Holacracy. Bei Holacracy handelt es sich um ein „ganzheitliches Betriebssystem für Organisationen", das in ihrem Kerngedanken auf das Konzept der Soziokratie zurückgeht. Während die Soziokratie den Gemeinschaftsgedanken stärker in den Vordergrund stellt, legt die Holacracy den Schwerpunkt auf klar abgegrenzte Verantwortung in Form von Rollen. Spannungen beschreiben dort die Differenz zwischen Ist-Zustand (Today) und Was-sein-könnte-Zustand (Tomorrow). Diese Lücke kann sich unterschiedlich zeigen. Wichtig ist, dass durch diese Lücke Energie freigesetzt und somit als eine treibende Kraft zur Weiterentwicklung der Organisation verwendet wird. Der Begriff Spannungen beschreibt ein Phänomen, das im Grundsatz nichts Neues ist. Und dennoch ermöglicht er einen anderen Umgang: Er wertet nicht, sondern beschreibt. Today wird nicht abgewertet und Tomorrow nicht künstlich aufgewertet, in der Differenz liegt ein entscheidendes Veränderungspotenzial.

Im Umgang mit persönlichen Spannungen gibt es fünf Kategorien von Spannungen:

- **Informationsbeschaffung:** „Weißt du über … Bescheid?"
- **Informationsvermittlung:** „Mir ist aufgefallen, dass …"
- **Resonanz einholen:** „Was ist eure Meinung zu …?"
- **Maßnahme anfordern:** „Kannst du … bis … erledigen?"
- **Rolle & Regel:** „In welche Rolle fällt …?"; „Ich möchte eine neue Regel für … festlegen."

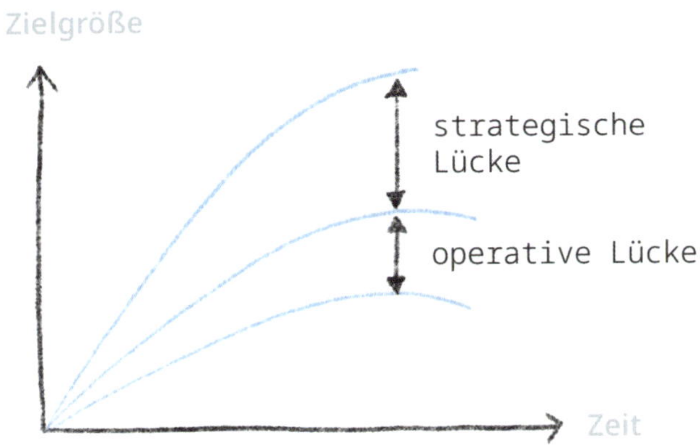

Gaps

Eine Gap-Analyse verfolgt das Ziel, Abweichungen zwischen zukünftigen Entwicklungspfaden darzustellen, die auf unterschiedlichen Annahmen beruhen. Dabei wird die Lücke in eine operative und eine strategische Lücke unterteilt:

Die operative Lücke soll durch die bestmögliche Nutzung aller vorhandenen Potenziale geschlossen werden.

Die strategische Lücke bezieht auch zukünftig zu erwartende Potenzialänderungen mit ein.

Im Impact Business Design unterteilen wir die Lücke wie folgt:

Die operative Lücke umfasst Interventionen, die im Bereich der Weiterentwicklung der **Werthebel** – dem Outcome – angesiedelt sind.

Die strategische Lücke ist zweigeteilt:

Potenzialhebel
Die Anpassung der Organisation an sich verändernde Markt- und Kundenentwicklungen.

Antriebshebel
Die Ausrichtung der Organisation an sich verändernde Entwicklungen im äußeren Antrieb.

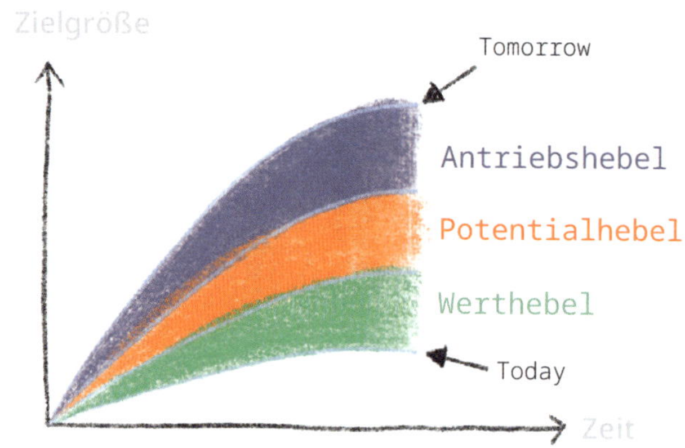

Lernebenen in Bezug auf die Spannungen

Aus den Spannungen ergeben sich unterschiedliche Lernchancen im Impact Business Design. Diese lassen sich den klassischen Lernarten zuordnen:

Assimilatives Lernen
Anpassungslernen

Akkommodatives Lernen
Veränderungslernen

Transformatives Lernen
Lernen auf einer neuen Bewusstseinsstufe.

Mehr dazu findest du im 12. Schritt – Learn.

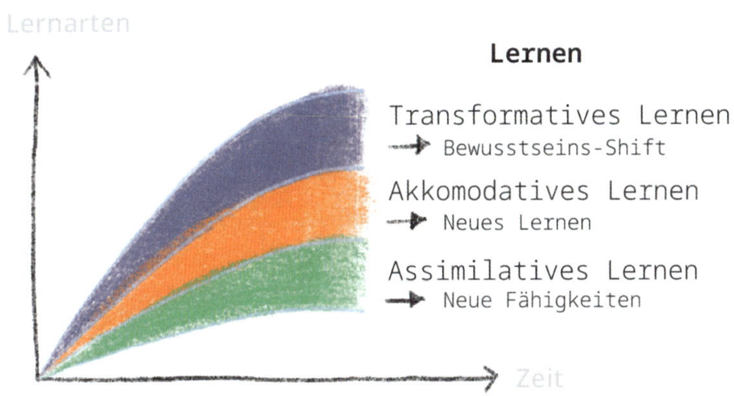

Priorisieren

Die Herausforderung, dauerhaft im Spiel zu bleiben, erfordert eine Unterscheidung zwischen den inneren und äußeren Zuständen eines Systems. In der Systemtheorie wird zwischen Wandel erster und Wandel zweiter Ordnung differenziert:

Wandel erster Ordnung: Normaler Wandel

Dieser Begriff bezeichnet die Veränderung bestimmter Faktoren innerhalb relativ stabiler Systeme. Jedes soziale System durchläuft Phasen des Wachstums, der Reife und der Alterung. Im Adaptive Cycle sind dies Phasen des Wachstums und der Stabilität, die im Laufe der Zeit abnehmen und ohne Erneuerung zum Zusammenbruch führen. Erneuerung, wie neue Mitarbeitende, Weiterentwicklung der Produkte und Dienstleistungen, ist daher überlebenswichtig. Dieser „natürliche Wandel", wie auch der nachfolgend beschriebene tiefgreifende Wandel, folgt dem Prinzip der Homöostase. Dabei zielen Regelungsprozesse darauf ab, ein sogenanntes homöostatisches Gleichgewicht herzustellen. Das System reagiert selbstkorrigierend auf interne oder externe Faktoren, die sein Gleichgewicht gefährden und sorgt so für Stabilität. Das einfachste Modell hierfür ist der Hausthermostat: Sinkt die Außentemperatur, schaltet der Thermostat die Heizung, um die Innentemperatur konstant zu halten.

Wandel zweiter Ordnung: Tiefgreifender Wandel

Der Wandel zweiter Ordnung betrifft dagegen das System grundlegend. Gewohnte Erwartungs- und Wahrnehmungsmuster greifen nicht mehr. Bisherige Steuerungssysteme funktionieren nicht mehr, klassische Controllingsysteme können nicht mehr die Informationen liefern, die für erfolgreiche Führungsinterventionen notwendig sind. Systeme müssen sich einer grundlegenden Erneuerung unterziehen oder sie sterben. Alle Elemente des Systems werden in Frage gestellt.

Im Impact Business Oszillogramm wird **Homöostase** in drei Prioritäten angestrebt: ←

1. Priorität: Homöostaase im Antriebshebel
Wandel zweiter Ordnung

- Ein homöostatisches Gleichgewicht zwischen äußerem und innerem Antrieb wird angestrebt.
- Der Maßstab für die Ausrichtung ist der äußere Antrieb.

2. Priorität: Homöostaase im Potenzialhebel
Wandel zweiter Ordnung

- Ein homöostatisches Gleichgewicht wird zwischen Markt & Kunde und der inneren Ausrichtung der Organisation, inklusive Unternehmensnetzwerk angestrebt.
- Der Maßstab der Ausrichtung ist Markt & Kunde.

3. Priorität: Homöostaase im Werthebel
Wandel erster Ordnung

- Ein homöostatisches Gleichgewicht zwischen Resonanz und Wert wird angestrebt.
- Der Maßstab der Ausrichtung ist Resonanz.

Transzendenz

9. Schritt: Execution

Zielsetzung

Eine Transition ist ein großer Prozess der Veränderung – vom aktuellen Ist-Zustand hin zu einem angestrebten Ziel-Zustand in der nahen Zukunft.

Die Impact-Maßnahmen, aus dem Interventions-Backlog des letzten Schrittes sind jetzt umzusetzen. Die Steuerung der Umsetzung kann dabei ganz unterschiedlich aussehen. Im 4. Schritt hast du mit dem Adaptive Cycle gearbeitet und dabei die Unterscheidung Exploit und Explore kennengelernt. Entsprechend dieser Einschätzung des Status Quo kannst du eure Impact-Maßnahmen zuordnen. Die Unterscheidung ist insofern relevant, da sie unterschiedlichen Schwerpunkten und unterschiedlichen Steuerungsmechanismen unterliegen:

In Exploit können Maßnahmen mit konkreten Zielsetzungen und Schlüsselergebnissen gemessen und gesteuert werden. Zu Exploit gehören Aktivitäten, die im Adaptive Cycle in den Phasen Wachstum und Stabilität liegen. Die OKR-Methodik ist hierzu ein probates Instrument (siehe Deep Dive).

In Explore finden die Maßnahmen statt, deren Zielsetzung nur vage formuliert werden können, da das Unternehmen über keine Erfahrungen „in der neuen Welt" verfügt. Entsprechend stehen das Erkunden und Lernen im Vordergrund. Die Ziele sind weniger konkret und die Schlüsselergebnisse fokussieren auf Erkenntnisgewinne.

Maßnahmen in Explore weisen den größten Hebel der Unternehmensentwicklung auf. Sie liegen in den Phasen der Erneuerung und im Re-Design. Alexander Osterwalder hat hierzu in Anlehnung an OKRs die AKI-Methodik (Aspirations und Key Insights) skizziert.

Die definierten und mit Key Results oder Key Insights versehenen Vorhaben gilt es nun zu kommunizieren. Du musst die Mitarbeitenden deines Unternehmens gewinnen, sie informieren, in den Dialog der Veränderung einzutauchen, Ängste abzubauen, Fragen zu beantworten – schlicht gutes Change-Management umzusetzen. Jetzt fängt die Arbeit in der Umsetzung an, denn nun nimmst du alle Stakeholder der Organisation mit und entfacht das Feuer im inneren Antrieb. Du weißt auf welchen Bewusstseinsstufen deine Organisation steht und hast ein Verständnis dafür, wie du welche Botschaften einbringen wirst.

Um die Transformationskommunikation zu gestalten, nutze das Template **Stakeholder Transformation Journey**. Die Canvas ist so aufgebaut, dass du für jede Stakeholdergruppe aus deiner Stakeholderanalyse eine individuelle Journey der Kommunikation und Transformation beschreibst. Denn dein CEO oder Aufsichtsrat hat unterschiedliche Bedürfnisse als Kollegen in Finance, Marketing oder Produktion. Die Vielfalt der Bedürfnisse gilt es zu berücksichtigen, sonst werden Botschaften schnell wirkungslos und erreichen zu wenige Menschen, um eine Organisation in Bewegung zu setzen.

Beschreibung der Templates

Exploit - Template

Falls eine Maßnahme in den Bereich Exploit zugeordnet werden kann, dann bietet das Template auf Basis der OKR-Methodik eine gute Grundlage zur Steuerung.

Eigenschaften dieser Impact-Maßnahmen sind:

- eine konkrete Zielformulierung ist möglich,
- gut analysier- und planbar,
- gut umsetzbar,
- Risiken kalkulierbar,
- Fokus liegt auf Return on Invest.

Schritt 1
Lege das konkrete Ziel der Impact-Maßnahme fest (Objective).

Schritt 2
Formuliere die Schlüsselergebnisse, die nötig sind,
um das Ziel vorständig zu erreichen (Key Results).

Schritt 3
Tracke den Fortschrittsgrad der Schlüsselergebnisse (in %).

Maßnahme:

Kernteam:
Projektlaufzeit:
Auftraggeber:

Impact-Typologie

- [ ] Antriebshebel
- [ ] Potenzialhebel
- [ ] Werthebel

Phase

- [ ] Pilotierung
- [ ] Temper

Impact zum Purpose:

Objective

-
-
-
-
-

Key Result #1

-
-
-

Fortschrittsgrad: %

Key Result #2

-
-
-

Fortschrittsgrad: %

Key Result #3

-
-
-

Fortschrittsgrad: %

Key Result #4

-
-
-

Fortschrittsgrad: %

Exploit-Maßnahmen

Explore - Template

Falls eine Maßnahme dem Bereich Explore zugeordnet werden kann, dann bietet das nachfolgende Template auf Basis des AKI-Ansatzes von Alexander Osterwalder eine gute Grundlage.

Eigenschaften dieser Impact-Maßnahmen sind:

- keine konkrete Zielformulierung möglich, eher eine Beschreibung der Resonanz,
- kaum analysier- und planbar,
- sinnvoll umsetzbar, nur in kleinen Iterationen,
- Risiken sind nichtkalkulierbar,
- der Fokus liegt auf Lernen.

Schritt 1
Beschreibe die gewünschte Wirkung (Resonanz) der Impact Maßnahme

Schritt 2
Beschreibe die Schlüsselerkenntnisse, die ihr anstrebt

Schritt 3
Schätze den Lernerfolg der jeweiligen Schlüsselerkenntnisse im Verlauf der Umsetzung ab (von - - bis ++)

Maßnahme:

Kernteam:
Projektlaufzeit:
Auftraggeber:

Impact-Typologie

- [ ] Antriebshebel
- [ ] Potenzialhebel
- [ ] Werthebel

Phase

- [ ] Pilotierung
- [ ] Temper

Impact zum Purpose:

Resonance

-
-
-
-
-

Key Insight #1

-
-
-

Einschätzung:

Key Insight #2

-
-
-

Einschätzung:

Key Insight #3

-
-
-

Einschätzung:

Key Insight #4

-
-
-

Einschätzung:

Explore-Maßnahmen

Einschätzung des Lernerfolgs
sehr niedrig: -- niedrig: - erwartungsgemäß: ○ hoch: + sehr hoch: ++

Stakeholder Transformation Journey

Du hast jetzt eine umfangreiche Maßnahmenplanung erarbeitet und darin Meilensteine, Schlüsselergebnisse und deinen Umsetzungsfahrplan definiert. Was du nun brauchst – ist auf einer höheren Ebene als die Einzelmaßnahmen – das Gesamtbild der enkelfähigen Transformation zu kommunizieren und in den intensiven Dialog mit allen Stakeholdern zu treten. Dabei sind der Kreativität keine Grenzen gesetzt.

Schritt 1
Der Purpose der Transformation, das Why eurer Veränderung, kommt in die Mitte des Canvas

Schritt 2
Für jede Stakeholdergruppe formulierst du die Bedürfnisse, die sie heute haben

Schritt 3
Für jede Stakeholdergruppe legst du fest, was sie zukünftig sagen oder welche Haltung sie einnehmen sollen

Schritt 4
Für jedes Bedürfnis entwickelst du Kernbotschaften

Schritt 5
Für jede Stakeholdergruppe definierst du geeignete Kontaktpunkte für die Kommunikation

Schritt 6
Reflektiere regelmäßig die Schritte 2-5 und hole dir Feedback zur Stringenz der Umsetzung ein

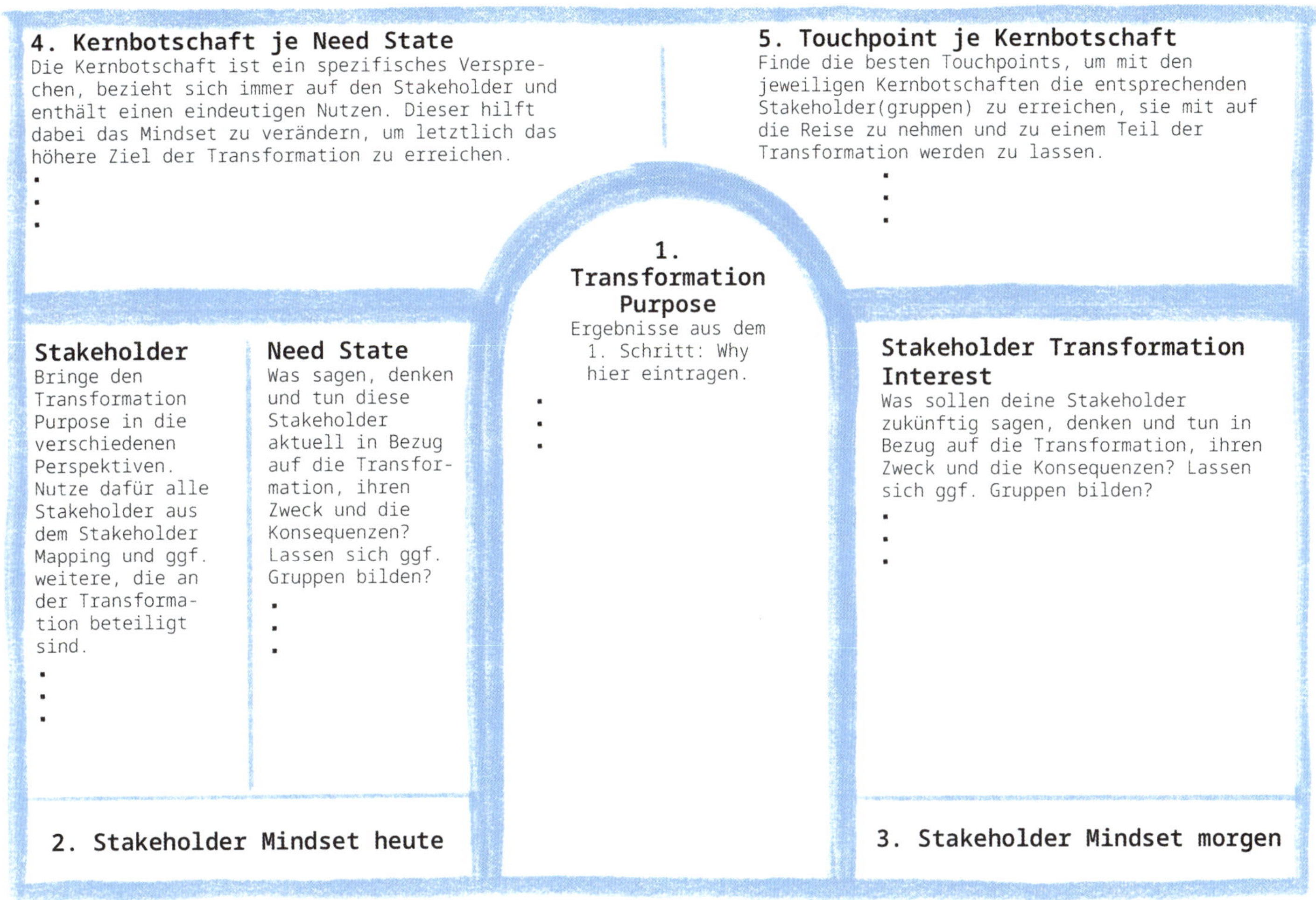

Stakeholder Transformation Journey

Die folgenden Aktivitäten sind unserer Erfahrung nach sinnvoll:

- Intranet-Landingpage mit allen aktuellen Informationen zur Vision, Strategie und dem Prozess
- Website zur öffentlichen Dokumentation für alle Stakeholder
- Regelmäßige Townhall-Meetings für alle Mitarbeitenden
- Future Circles für das Peer-to-Peer-Lernen
- Regelmäßige Need-to-know-Nuggets für die Stakeholdergruppen z.B. über einen Enkelfähig Newsletter
- Aufbau von Lernformaten oder einer Impact Akademie
- Tag der offenen Tür für alle Stakeholder
- Aufbau von Impact Labs zum Experimentieren und Beteiligen
- Offene Sprechstunden des Projektteams, der Führungskräfte und Vorstände
- Artikel und Blogs in internen Medien
- Interne Podcasts und Video-Talks mit den Gestaltern und Beteiligten der Transformation
- Einbinden von Kunden in die Kommunikation (externe Podcasts, Videos, Artikel)
- Aktive Öffentlichkeitsarbeit in Fachzeitschriften, Magazinen und Social Media
- Auftritte von Multiplikatoren der enkelfähigen Transformation (Konferenzen, Radio, Podcasts, TV)
- Co-Kreation und Austausch mit Kunden und Partnern

Sicher hast du viele weitere Ideen, wie die Maßnahmen kommuniziert und den Stakeholdern nähergebracht werden können.

Die beste Art, eine gute Idee
zu verwirklichen, ist, sie zu tun.

Thomas Edison

Deep Dive

Objective and Key Results (OKR)

OKR steht für „Objectives and Key Results". Es handelt sich um eine Management-Methode, die von Intel-Mitgründer Andy Grove erfunden und von Investor John Doerr 1999 bei Google eingeführt wurde. Heute nutzen viele Unternehmen OKRs, um unternehmensweit Ziele zu definieren, auf Unternehmens-, Team- oder Mitarbeitendeebene abzustimmen, den Fortschritt im Auge zu behalten und Ziele messbar zu machen.

Dabei sollen die 3 – 5 Ziele (Objectives) folgende Eigenschaften aufweisen:

- sie haben Sogwirkung: „aspirational"
- sie sind herausfordernd: „challenging"
- sie sind ausgewählt: „measurable"
- sie haben Zeitbezug: „time bound"
- sie sind eindeutig: „unambiguous"

Die weniger als 5 Schlüsselergebnisse (Key Results) sollen wie folgt sein:

- messbar & quantifizierbar
- objektiv steigerbar
- erreichbar
- zählbar
- umsetzbar
- greifbar
- ergebnisbezogen

Der Fortschrittsgrad der Ziele wird dabei in Prozent (0 ... 100 % Fortschritt) angegeben.

Aspirations and Key Insights (AKI)

OKRs eignen sich sehr gut, wenn die Zukunft vorhersehbar ist: Es liegen belastbare Daten vor, die es dem Unternehmen erlauben einzuschätzen, dass das Ziel erreichbar ist. Jedoch lassen sie sich in der Regel nicht auf die Innovationswelt anwenden. In der Phase von Neuerungen oder Transformationen sind die Ziele-Eigenschaften von OKR nicht erfüllbar, da es keine Ziele gibt, von denen ich weiß, dass ich sie umsetzen kann. Es geht vielmehr darum herauszufinden, ob ein Ziel überhaupt Sinn ergibt. Im Vordergrund stehen nicht finanzielle Resultate, sondern das Lernen.

Das Ziel (Objective) heißt in diesem Ansatz Aspiration, die Schlüsselergebnisse (Key Results) nennen sich Key Insights. Im Impact Business Design verwenden wir statt Aspiration den Begriff Resonanz. d.h. es geht darum, die gewünschte Wirkung zu beschreiben, die ihr mit der Impact-Maßnahme erreichen wollt. Die Resonanz kann sowohl innerhalb als auch außerhalb der Organisation angestrebt werden.

Unternehmen, die sich AKIs setzen, nehmen in dieser Phase Abstand von der herkömmlichen Planung. Stattdessen explorieren sie die Entwicklung in Form kleiner Experimente, mit dem Ziel, schnell Erkenntnisse zu gewinnen und zu lernen. Auf Basis der gewonnenen Erkenntnisse fällt die Entscheidung, welche Idee du wirklich weiterverfolgen oder beerdigen solltest.

Transzendenz

Exkurs: Impact Economy

Der positive Shift der Impact Economy

Neue Modelle für eine regenerative enkelfähige Wirtschaft gibt es bereits. **Das ist die gute Nachricht.** Impact Economy bedeutet, eine Wirtschaft zu gestalten, in der es nicht um Gewinnen oder Verlieren geht, sondern darum, möglichst lange mitzuspielen **(unendliche Spiele)**. Die planetaren Grenzen setzen den Rahmen für eine wertorientierte und regenerative Wirtschaft. Enkelfähigkeit ist ein Grundprinzip, denn Geld verdienen ist in erster Linie ein Mittel für das, was wirklich zählt: ein gutes Leben für alle – Menschen und Umwelt. Es sind die Unternehmen, die **Impact First** statt Profit First in ihrem Purpose verankert haben – und die Unternehmensführungen, die wirtschaftliche Verantwortung in einer ökologisch-sozialen Marktwirtschaft übernehmen. Sie sind Vorreiter einer Next Economy, die sich konsequent an den konkreten Problemen der Menschheit orientiert. Die Macher der Impact Economy denken die Herausforderungen in Wirtschaft, Gesellschaft und Umwelt radikal neu.

Im Folgenden werden einige der wichtigsten Initiativen, Bewegungen und Vorreiter dieser nächsten Ökonomie vorgestellt:

B Corporations

Das B Corp Movement ist eine wachsende globale Bewegung von Unternehmen, die sich seit 2006 für eine nachhaltige, soziale und faire Zukunft einsetzen (bcorporation.net). Mittlerweile gibt es mehr als 6.500 zertifizierte B Corporations in über 89 Ländern, darunter bekannte Marken wie Patagonia, The Guardian, Ben & Jerry, Danone Waters, Alpro, Ecosia, Weleda oder Sympatex. Sie alle teilen die Überzeugung, dass Unternehmertum verpflichtet, indem sie ihren sozialen und ökologischen Impact regelmäßig messen und kontinuierlich verbessern. Das Messinstrument ist das **B Impact Assessment,** ein Rahmenwerk aus 150 bis 200 Fragen, die je nach Branche und Unternehmensgröße beantwortet werden müssen. Ab einer

Punktzahl von 85 kann sich ein Unternehmen von einem unabhängigen B Lab Analysten zertifizieren lassen. Die verbindende Mission der B Corps ist es, die besten Unternehmen für die Welt zu sein, nicht die besten Unternehmen in der Welt. Seit 2020 unterstützen wir den Aufbau von B Lab Deutschland. Bis Anfang 2023 waren 380 Unternehmen in Deutschland B Corp zertifiziert, ein erfreulicher Zuwachs von 67 Prozent im Vergleich zum Vorjahr. Der Trend hält an.

Impact statt Exit

Die Start-up-Szene wird enkelfähig, viele Gründerinnen und Gründer haben das Streben nach möglichst schnellem Wachstum satt. Der Begriff des Einhorns für Unternehmen, die eine Bewertung von mehr als einer Milliarde Dollar erreichen, ist überstrapaziert. Bereits 2017 formulierten vier Gründerinnen deshalb die alternative Idee des Zebras: „Zebras fix what Unicorns break“. Seit über 16 Jahren verfolgt beispielsweise der Impact Hub in Wien das Ziel „Building better Business“: Die weltweit mehr als 100 Impact Hubs unterstützen Sozialunternehmen, die sich an sozialen und ökologischen Werten orientieren (impacthub.net). In Deutschland hat sich die **Impact Factory** der Haniel Stiftung zu einem europäischen Hot Spot für Impact Start-ups entwickelt. In den letzten Jahren sind hunderte neue Impact Start-ups entstanden oder bestehende haben sich als Fellow der enkelfähigen Bewegung der Impact Factory angeschlossen (impact-factory.de).

Gemeinwohlökonomie (GWÖ)

Die Gemeinwohl-Ökonomie startete 2010 in Wien und gewann von dort aus Anhänger auf der ganzen Welt. Heute umfasst die Bewegung weltweit 11.000 Unterstützer, rund 5.000 Mitglieder in über 170 Regionalgruppen, über 1.000 bilanzierende Unternehmen und andere Organisationen wie Gemeinden oder Schulen in 35 Ländern. Bekannte Vorreiter der GWÖ-Bewegung sind z.B. Sonnentor, Vaude, Sparda Bank München, Elobau, Voelkel oder die Stadtwerke München. Die GWÖ beschreibt eine neue, nachhaltige Form des Wirtschaftens, geleitet von der Vision „Gut leben in einer Welt, in der die Wirtschaft im Einklang mit ethischen Werten steht.“ Organisationen, die nachhaltig und sozial wirtschaften, können ihr Handeln mit der Gemeinwohl-Matrix messen und in einer Gemeinwohl-Bilanz veröffentlichen. Der Rahmen der Gemeinwohl-Matrix besteht aus 20 Themenfeldern, die eine Orientierungshilfe für die Bewertung des Beitrags einer Organisation zum Wohl von Mensch und Erde bieten. Die GWÖ-Bilanz, das Herzstück der Gemeinwohl-Ökonomie, ist eine ethische Bilanz, die parallel zur finanziellen Bilanz erstellt wird. Sie ist ein umfassendes Instrument, um alle Dimensionen ethischen Handelns zu berücksichtigen und zu dokumentieren (eco-good.org).

Value Balancing Alliance
Die Initiative, die auf eine Kooperation der Unternehmen BASF, Bosch und Novartis mit den Universitäten Oxford und Harvard zurückgeht, ist eine Allianz multinationaler Unternehmen, die sich mit einem gemeinsamen Ziel zusammengeschlossen haben: Möglichkeiten zu schaffen, den Wert der Beiträge von Unternehmen für Gesellschaft, Wirtschaft und Umwelt zu messen und zu vergleichen. Eine Metrik, die sich aufgrund fehlender Modelle in der Betriebswirtschaftslehre bisher nicht in der Bilanz eines Unternehmens widerspiegelt. Die Allianz übersetzt ökologische und soziale Auswirkungen in vergleichbare Finanzdaten. Die Methodik der Value Balancing Alliance nutzt eine monetäre Metrik, um die Auswirkungen von Geschäftsmodellen greifbar zu machen, sie in den lokalen Kontext der Geschäftsaktivität zu stellen, die Bedeutung und Gewichtung einzelner Nachhaltigkeitsaspekte zu verstehen und letztlich besser in die Unternehmensführung zu integrieren. Der Allianz haben sich vor allem große Konzerne wie Schäffler, Deutsche Bank, Dräger, ZF, Bosch, L’Oreal, Michelin, Otto oder Roche angeschlossen (value- balancing.com).

Das Geno-Prinzip

Eine altbekannte Organisationsform hat den Impact-First Faktor von Anfang an eingebaut – die Genossenschaften und das in Deutschland seit 1847. Das Geno-Prinzip lautet: Was einer allein nicht schafft, das schaffen viele gemeinsam. Als Wertegemeinschaften ihrer Mitglieder stehen Genossenschaften für kooperatives und solidarisches Wirtschaften in Reinkultur. Werte wie Selbstverantwortung, Demokratie, Ehrlichkeit, Gleichheit, Gerechtigkeit und Vertrauen spielen eine zentrale Rolle und klingen wie eine Blaupause für die Idee des enkelfähigen Wirtschaftens. Kein Wunder, dass Genossenschaften heute eine Renaissance erleben. Im Jahr 2016 hat die UNESCO die Genossenschaftsidee und -praxis als immaterielles Kulturerbe der Menschheit ausgezeichnet. Weltweit gibt es heute rund drei Millionen Genossenschaften mit mehr als einer Milliarde Mitgliedern (in Deutschland sind es rund 8.000 Genossenschaften mit 23 Millionen Mitgliedern). Diese Genossenschaften schaffen über 100 Millionen Arbeitsplätze – 20 Prozent mehr als multinationale Konzerne.

Impact Investing

Nachhaltiges Investment ist der Überbegriff, die direkte, messbare gesellschaftliche und ökologische Wirkungen erzielen sollen. Maßgeblich sind die **ESG-Kriterien:** Environment (ökologische Nachhaltigkeit), Social (soziale Nachhaltigkeit) und Governance (nachhaltige Unternehmensführung). In Deutschland stieg das Vermögen nachhaltiger Fonds zwischen 2017 und 2021 von 83 auf prognostizierte 361 Milliarden Euro, weltweit von 2,1 auf 4,1 Billionen Euro.
Impact Investing bedeutet, das wirkungsorientierte Investieren noch gezielter vorrangig auf unternehmerische Projekte mit hoher sozial-ökologischer Relevanz zu fokussieren. Es hat sich in den letzten Jahren von einem Nischenthema zu einem wahrnehmbaren Baustein in der Asset Management-Industrie entwickelt.

Das **Global Impact Investing Network (GIIN)** spricht mit den Zahlen von Ende 2022 von einem wichtigen psychologischen Meilenstein in der Entwicklung. GIIN schätzt die Größe des weltweiten Impact-Investing-Marktes im Jahr 2022 auf **1,164 Billionen USD.** Damit ist erstmals die Marke von 1 Billion US-Dollar übertroffen. Während diese Zahl ein sehr positives Zeichen für die Branche ist, ist sie auch ein Aufruf für weitere Impact First Maßnahmen. Massive Kapitalallokationen und ein intrinsischer Fokus auf die Generierung positiver Auswirkungen sind weiterhin erforderlich, um die Hebel für einen Wandel hin zu einer regenerativen Wirtschaft zu verstärken.

Die etwas ausführlicher beschriebenen Bewegungen sind nur einige von zahlreichen weiteren Impact-Initiativen – die Liste ließe sich ergänzen zum Beispiel um die **Entrepreneurs for Future** (mit über 5.000 Unternehmen, entrepreneurs4future.de), die **Leaders for Climate Change** (über 1.500 Unternehmen, lfca.earth), den **Climate Pledge** mit über 378 Unternehmen in 34 Ländern (theclimatepledge.com) oder die **Stiftung 2° – Deutsche Unternehmen für Klimaschutz** (Stiftung 2grad.de). **Conscious Capitalism** stellt den Higher Purpose in den Mittelpunkt und bezieht sich auf eine sozial verantwortliche Wirtschafts- und Politikphilosophie. Und mit der **Purpose Stiftung** entsteht eine neue Rechtsform für Verantwortungseigentum, bei der ein Unternehmen sich selbst gehört und treuhändisch verwaltet wird – als „Gesellschaft mit gebundenem Vermögen". Das schließt eine automatische Vererbung und Spekulation mit Unternehmensanteilen aus und fördert die Reinvestition von Gewinnen. Und zwar immer im Sinne des Unternehmenszwecks und nicht der reinen Gewinnmaximierung.

Wir wissen, dass es eine Menge an Impact-Initiativen gibt. Und das ist gut so, denn es ist auch sichtbar, dass sich die Aktivitäten für Impact First schneller entwickeln, als Bücher wie unseres geschrieben und gedruckt werden. Unser Anspruch mit dem Playbook ist es nicht, alle Initiativen aufzulisten, sondern den Megatrend der Impact Economy aufzuzeigen und die sich entwickelnden Dimensionen darzustellen. Alle Beispiele zeigen, dass die Impact Economy bereits Realität ist. Umgesetzt von Tausenden von Unternehmen und Führungskräften, die sich für eine Wende hin zu einer regenerativen Wirtschaft entschieden haben. Sie wächst und sie steckt an, indem sie Menschen und Unternehmen begeistert, Verantwortung für eine nachhaltige Zukunft zu übernehmen.

Die Transition zu enkelfähigem Wirtschaften

Einige gute Nachrichten der Impact Economy sind oben skizziert. Die weniger gute Nachricht ist, dass sich noch viel zu wenige Unternehmen auf den Impact First Weg gemacht haben. Jahrzehnte nach dem großen Boom des fossilen Konsumkapitalismus treten wir in eine neue Phase ein, in der sich der Radius unternehmerischer Beziehungen erweitert. Ein neues Verhältnis des Kapitals zu Gesellschaft, Natur und Individuen entsteht, eine neue Ausrichtung von Innovationen – die nun einen echten Beitrag zur Lösung von Problemen leisten können und müssen, die früher der Politik oder der Gesellschaft zugeschrieben wurden.

Die Neuformung von Wirtschaft und Gesellschaft ist notwendig und muss rasch erfolgen. Sie gleicht einer **Betamorphose**: Es ist der Sprung auf eine neue Ebene, in ein völlig neues Umfeld, mit völlig neuen Bewertungskriterien. Um diese Transformation zu schaffen, muss es uns gelingen, die Transitionen (Übergänge) auf die nächste Ebene zu gestalten. Denn während das große Ziel klar ist: raus aus dem fossilen Raubtierkapitalismus, wissen viele noch nicht, wie wir dorthin kommen.

Die Impact Economy gestaltet unter anderem folgende Transitionen neu:

- von Shareholder Value zu Stakeholder Value,
- von destruktiven Marken zu transformativen Brands,
- vom Massenkonsum zu neuem Wachstum,
- vom Raubbau an der Natur zu regenerativen Kreisläufen,
- von Gewinnmaximierung zu Purpose,
- vom betriebswirtschaftlichen Ergebniszwang zu gesellschaftlicher Verantwortung,
- von negativen Finanzhebeln zu positiven Lenkungseffekten der Finanzmärkte,
- von take, make, waste zu Cradle to Cradle.

Impact Business – die Spielregeln ändern sich
Die Notwendigkeit unsere Wirtschaft und Gesellschaft in Richtung Enkelfähigkeit und regeneratives Wirtschaften zu entwickeln, ergibt sich aus vielen Zusammenhängen. Drei der wichtigsten Treiber sind:

- die Veränderung der ökonomischen Modelle,
- die irreversiblen Kipppunkte der planetaren Grenzen,
- der EU Green Deal-Strategien, Investitionen und Regulierungen für Nachhaltigkeit.

Damit verändern sich auch die Hebel für die Transformation zu Impact First. Im Folgenden haben wir die wichtigsten Punkte der sich verändernden Hebel beschrieben. Wohl wissend, dass es zu jedem einzelnen Hebel viele gute Bücher oder Studien gibt, weisen wir in unserem Playbook auf die Zusammenhänge und die Kontexte für das Impact Business Design hin. Dabei erheben wir keinen Anspruch auf Vollständigkeit, da dies schlicht den Rahmen und die Zielsetzung des Buches sprengen würde. Wir verweisen in unseren Quellenangaben auf weiterführende Literatur, wenn intensiver mit den Rahmenbedingungen auseinandersetzen.

Ökonomische Modelle

Die Modellentwicklung der Wirtschaft in den letzten Jahrzehnten zeigt den Verlauf der systemischen-integralen Kontextualisierung. Von der alleinigen Fokussierung auf den Shareholder Value über den Stakeholder Value hin zum System Value. Impact Business Design ist das **prägende Vorgehensmodell im System Value.**

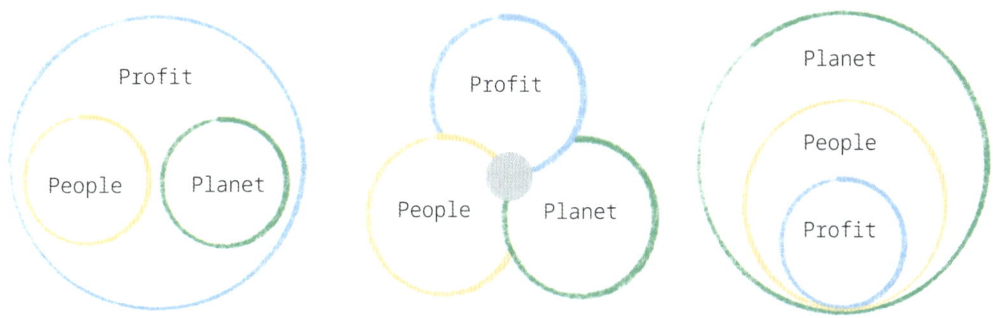

Shareholder Value
Purpose of Business in Business

Stakeholder Value
Tripple Bottom Line

System Value
Impact Business Design

Shareholder Value

Unter dem Titel „The Social Responsibility of Business Is to Increase Its Profits" veröffentlichte der US-amerikanische Ökonom Milton Friedman am 13. September 1970 im New York Times Magazine einen Artikel, in dem er seine Vorstellungen von Corporate Governance in Kurzform darlegte. Er bot eine Antithese zur damaligen Mehrheitsmeinung, dass große Unternehmen, die Einfluss auf das gesellschaftliche Leben hätten auch verpflichtet seien, gesellschaftliche Verantwortung zu übernehmen. Das Management eines Unternehmens dürfe sich nicht um die Belange der Allgemeinheit kümmern, sondern nur um das Wohl der Aktionäre. Das Prinzip der ausschließlichen Maximierung der Geldmenge war geboren. Friedman erhielt dafür 1976 den Nobelpreis für Wirtschaftswissenschaften. Die Kritik an der Friedman-Doktrin und dem Shareholder-Modell war heftig und kam damals nicht zuletzt aus den Führungsetagen großer Unternehmen. Der Zweck einer Firma müsse umfassender und anspruchsvoller sein, hieß es. Dies hing auch mit der von Friedman propagierten Agency-Strategie, der Fokussierung auf Profitmaximierung für den Principal (Eigentümer) zusammen. Jahre später bezeichnete Jack Welch, CEO von General Electric, den Shareholder Value als „die dümmste Idee der Welt".

Stakeholder Value

Die Neubewertung der Stakeholder eines Unternehmens entwickelte sich mit dem Prinzip der Triple-Bottom-Line und der Frage, wie Unternehmen zu einer nachhaltigen Entwicklung beitragen können und welche Auswirkungen die wirtschaftliche Tätigkeit eines Unternehmens auf Umwelt und Gesellschaft hat. Der Begriff wurde 1994 von John Elkington und seinem Werk „Enter the Triple Bottom Line" geprägt. Elkington erweiterte darin die bestehende einfache betriebswirtschaftliche Bottom Line (Profit nach Gewinn und Verlust) um soziale und ökologische Aspekte. Durch die Umsetzung ökologischer und sozialer Ziele gleichen Unternehmen ihre Umwelt- und soziale Bilanz aus und verpflichten sich zur Nachhaltigkeit. Dies bedeutet zum einen, dass sie ihren Beitrag zur nachhaltigen Entwicklung unserer Wirtschaft und

Gesellschaft leisten wollen, zum anderen aber auch, dass sie sich der langfristigen Sicherung des eigenen Unternehmens widmen. Die Unternehmen verpflichten sich damit, kurzfristigen wirtschaftlichen Erfolg nicht mit langfristigen sozialen oder ökologischen Schäden zu erkaufen. Dieses Modell stand am Anfang der CSR-Bewegung und war wegweisend. In Deutschland hat sich der daraus abgeleitete Begriff des 3-Säulen-Modells durchgesetzt. In der Praxis zeigt sich, dass die Ökonomie allzu oft Vorrang vor Ökologie und Sozialem hat, wenn die Kosten für Letzteres zu hoch sind. Die Begründung: das trägt nicht mehr zum Fortbestand des Unternehmens bei. John Elkington hat diese Entwicklung 2019, 25 Jahre nachdem er das Konzept der Triple Bottom Line veröffentlicht hat, scharf kritisiert. Aus unserer Sicht zu Recht, denn es darf keine einseitige Betrachtung der Kosten für die Wirtschaft geben.

System Value

Die Entwicklung hin zum System Value hängt unter anderem mit der Schwäche der Triple Bottom Line zusammen. System Value ist ein Modell, das größere Systemzusammenhänge berücksichtigt. In Deutschland spricht man auch vom sogenannten Vorrangsmodell, das die Priorisierung der Ökologie in den Vordergrund stellt. Seit der ersten Modellierung der planetaren Grenzen im Jahr 2009 ist klar, wie die Kopplungseffekte der neun zentralen natürlichen Systeme und Prozesse der Umwelt wirken. Die Konsequenz kann daher nur sein, dass wir Menschen (als Gesellschaft) und die Wirtschaft alles daran setzen, dem Planeten keinen weiteren Schaden zuzufügen. Wir müssen lernen, uns innerhalb der planetaren Grenzen zu verhalten, unseren ökologischen Fußabdruck so klein wie möglich zu halten und die Wirtschaftssysteme auf ein regeneratives Niveau zu entwickeln. Denn es reicht nicht mehr aus, die Natur nicht weiter zu schädigen. Dafür haben wir Menschen schon zu viel zerstört. Die Richtung ist also klar: hin zu einem regenerativen enkelfähigen Wirtschaften mit systemischer Kompetenz.

Regeneratives Wirtschaften

Regeneratives Wirtschaften ist ein Prinzip, das besagt: Man gibt mehr zurück als man nimmt. Das gilt für alle Systeme, ob ökologisch oder sozial. Es reicht nicht, den Status quo zu erhalten und keinen Schaden mehr anzurichten. Sondern es geht darum, zu reparieren. Regeneratives Wirtschaften bedeutet in einem ersten Schritt die Wiederherstellung eines Systems, das uns ein erfolgreiches Leben ermöglicht und sich selbst erhält. Es geht um ein Erhaltungssystem, das die Überlebenschancen zukünftiger Generationen sichert.

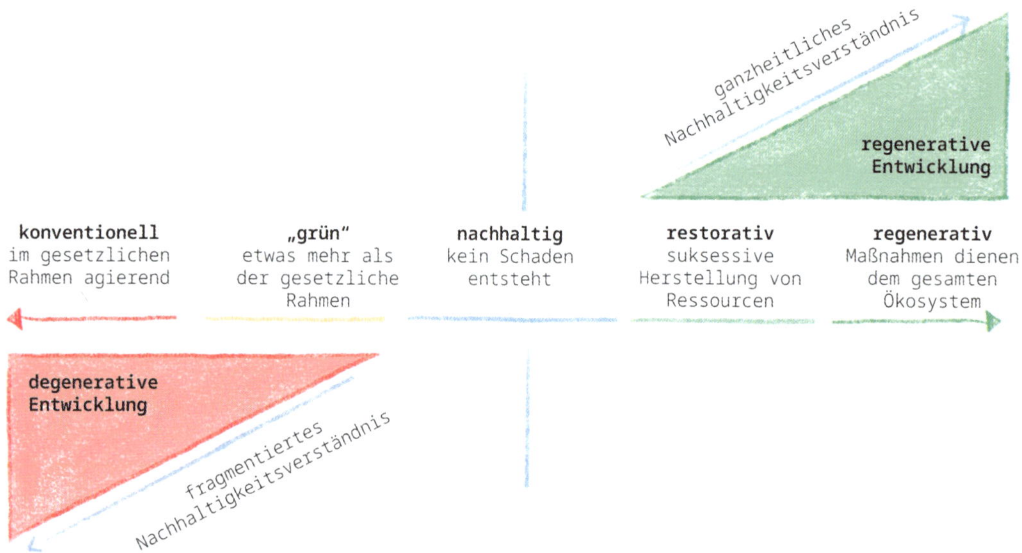

Planetare Grenzen

Die planetaren Grenzen (Planetary Boundaries) sind wissenschaftliche Richtlinien. Sie legen fest, in welchem Ausmaß menschliche Aktivitäten die Stabilität und Funktion von Ökosystemen und die Fähigkeit der Erde, Leben zu unterstützen, beeinträchtigen können. Seit der ersten Modellierung der planetaren Grenzen im Jahr 2009 durch internationale Wissenschaftler um Johan Rockström vom Stockholm Resilience Centre, ist erstmals ersichtlich, welche systemischen Kopplungseffekte und Kipppunkte es gibt. Die planetaren Grenzen werden als Sicherheitsgrenzen verwendet, um zu klären, ob menschliche Aktivitäten die Erde in einen unsicheren oder gefährlichen Zustand bringen können. Es gibt insgesamt neun planetare Grenzen: Klimawandel, Landnutzung, Biodiversität und Artenvielfalt, Stickstoff- und Phosphorkreislauf, Ozonabbau, Chemikalien, Luftverschmutzung, Wasserzyklus und Meeresversauerung. Nach dem letzten Stand vom Jahr 2022 sind die planetaren Grenzen in den Bereichen Klimawandel, Landnutzung, Biodiversität und Stickstoffkreislauf bereits überschritten.

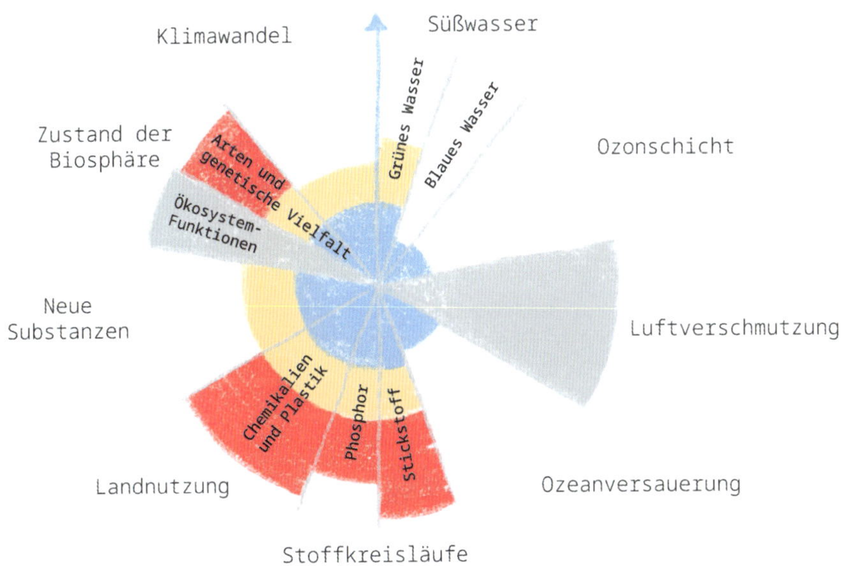

Donut-Ökonomie

Die Donut-Ökonomie ist ein Konzept, das von Kate Raworth ab 2012 entwickelt wurde und eine alternative Vision für eine nachhaltige und gerechte Wirtschaft darstellt. In ihrem 2018 erschienenen Buch „Die Donut-Ökonomie" beschreibt Raworth ein Wirtschaftsmodell, das die Probleme des heutigen von Wachstum und Kapitalismus geprägten Systems lösen kann.

- Das Modell nutzt den Donut als Metapher. Das leere Loch in der Mitte des Donuts steht dabei für die Gesellschaft und deren Bedürfnisse wie Nahrung, Wasser, Obdach oder politische Mitbestimmung.
- Der äußere Kreis des Donuts versinnbildlicht unsere planetaren Grenzen.
- Diese Grenzen dürfen nicht überschritten werden, gleichzeitig aber müssen die Bedürfnisse innerhalb des Donuts, also der Gesellschaft, erfüllt werden.
- Der Gestaltungsraum, der durch den Donut entsteht, nennt sich „safe and just space for humanity".

Der Donut sozialer und planetarischer Grenzen ist ein spielerisch ernster Ansatz. Er fungiert als Kompass für den menschlichen Fortschritt in diesem Jahrhundert.

- In den Zielen der Wirtschaft müssen die Natur und ihre Ressourcen stärker in den Fokus rücken.
- Die Wirtschaft darf nicht mehr als isoliertes System betrachtet werden, sondern muss im Einklang mit der Umwelt stehen.
- Das Streben nach Gewinn muss der Verantwortung weichen, einen positiven Beitrag zur Lebenswelt zu leisten.
- Dazu gehört auch eine gerechtere Verteilung der Ressourcen, um die Kluft zwischen Arm und Reich zu verringern.

Die Stadt Amsterdam hat 2020 zusammen mit Raworth ein Konzept für den Umbau der Stadt- und Wirtschaftsentwicklung nach den Prinzipien der Donut-Ökonomie entwickelt. Viele Kommunen und Städte in Deutschland und weltweit arbeiten bereits mit den Donut- Indikatoren. Raworths Theorie wird seit ihrer Veröffentlichung viel diskutiert und gelobt. So schrieb der Guardian 2017 über sie: „Raworth ist der neue John Maynard Keynes des 21. Jahrhunderts. Durch Neuinterpretation der Wirtschaft ermöglicht sie uns, unsere Sicht darauf zu ändern, wer wir sind, wo wir stehen und was wir sein wollen."

Impact Business Design als Vorgehensmodell ist ideal, um die Donut-Ökonomie zu verbreiten und in immer mehr Bereichen der Gesellschaft, Wirtschaft und Politik zum Leben zu erwecken.

EU Green Deal – man on the moon movement

Der EU Green Deal ist eine im Jahr 2019 gestartete Initiative der Europäischen Union mit dem Ziel, Europa bis zum Jahr 2050 klimaneutral zu machen. Der Green Deal unterstützt diesen Wandel hin zu einer gerechten und wohlhabenden Gesellschaft mit einer **modernen und wettbewerbsfähigen** Wirtschaft. Das Paket umfasst zahlreiche Initiativen, die eine Reihe eng miteinander verknüpfter Politikbereiche betreffen: Klima, Umwelt, Energie, Verkehr, Industrie, Landwirtschaft und nachhaltiges Finanzwesen, um die Treibhausgasemissionen zu verringern und den Klimawandel zu bekämpfen. Der Green Deal sieht auch vor, die EU-Wirtschaft zu modernisieren und zu ökologisieren, indem er neue Technologien und Arbeitsplätze in den Bereichen erneuerbare Energien, Energieeffizienz und Nachhaltigkeit fördert. Damit verbunden ist die Vision einer neuen nachhaltigen Innovationskraft als Wettbewerbsvorteil der EU.

Der EU Green Deal umfasst unter anderem folgende Initiativen:

1. Fit for 55
Beim Paket „Fit for 55" geht es darum, die Emissionen in der EU bis 2030 um mindestens 55 Prozent zu senken. So soll bis 2050 Klimaneutralität erreicht werden. Dazu werden die Ziele des EU Green Deals in Rechtsvorschriften übersetzt, zum Beispiel CO2-Grenzausgleichssysteme, Emissionshandelssysteme, CO2-Emissionsstandards, Gesamtenergieeffizienz von Gebäuden oder der Klima-Sozialfonds.

2. Strategie zur Anpassung an den Klimawandel
Die Strategie enthält eine langfristige Vision, wie die EU bis 2050 zu einer klimaresilienten Gesellschaft werden kann, die sich vollständig an die unvermeidbaren Auswirkungen des Klimawandels angepasst hat.

3. EU-Biodiversitätsstrategie bis 2030
Die EU-Biodiversitätsstrategie bis 2030 soll zur Wiederherstellung der biologischen Vielfalt in Europa bis 2030 beitragen. Die Biodiversitätsziele in anderen Sektoren wie Landwirtschaft, Fischerei und Forstwirtschaft werden umfassend integriert.

4. Strategie „Vom Hof auf den Tisch"
Die Strategie der Kommission „Vom Hof auf den Tisch" soll dazu beitragen, dass die EU bis 2050 klimaneutral wird, indem das derzeitige Lebensmittelsystem der EU auf ein nachhaltiges Modell umgestellt wird.

5. Europäische Industriestrategie
Ziel der EU-Strategie ist es, die Industrie in ihrer Rolle als Beschleuniger und Wegbereiter für Wandel, Innovation und Wachstum nach den Prinzipien der Nachhaltigkeit, der Kreislaufwirtschaft und des Umweltschutzes zu unterstützen.

6. Aktionsplan für die Kreislaufwirtschaft
Die Entkopplung des Wirtschaftswachstums von der Ressourcennutzung und die Umstellung auf kreislauforientierte Produktions- und Konsumsysteme sind der Schlüssel zur Erreichung der Klimaneutralität der EU bis 2050. Der Aktionsplan enthält über 30 Aktionspunkte zur Gestaltung nachhaltiger Produkte, zum Kreislaufprinzip in Produktionsprozessen und zur Stärkung der Position von Verbrauchern und öffentlichen Auftraggebern. Im Mittelpunkt stehen Sektoren wie Elektronik und IKT, Batterien, Verpackungen, Kunststoffe, Textilien, Bau und Gebäude sowie Lebensmittel.

Darüber hinaus beschreibt der EU Green Deal strategische Initiativen für Batterien, saubere Energie, eine Nachhaltigkeitsstrategie für Chemikalien (Null-Schadstoff-Ziel), Waldbewirtschaftung (3 Mrd. Bäume bis 2050) und einen gerechten Übergang für Länder, die Schwierigkeiten haben, sich von fossilen Energieträgern zu lösen (90 Mrd. Fond).

Der EU Green Deal ist das bisher ehrgeizigste Programm für eine regenerative Wirtschaft und wurde mit einem Budget von über 1 Billion (1.000 Mrd.) Euro ausgestattet. Ursula von der Leyen sprach bei der Veröffentlichung des Green Deal vom **europäischen „man on the moon“-Moment.** Das Green Recovery Programm, das zur Unterstützung der Wirtschaft in der Coronakrise mit einem Volumen von 750 Mrd. EUR aufgelegt wurde, ist mit einem klimafreundlichen Wiederaufbauprogramm auch im Sinne der Generationengerechtigkeit gekoppelt.

Für Unternehmen bedeutet dies einerseits enorme Chancen, sich im Zuge der europäischen Entwicklungen auf die Rahmenbedingungen einzustellen, aber auch zu prüfen, wo Fördermittel und Investitionspotenzial für die Märkte der Zukunft liegen. Denn Zukunftsmärkte sind klimaneutral.

Auf der anderen Seite werden die politischen Strategien durch regulatorische Maßnahmen und Verpflichtungen flankiert, wie zum Beispiel die **CSRD-Richtlinie** für Nachhaltigkeits-Reporting (betrifft ab 2025 ca. 15.000 Unternehmen ab 250 MA, ab 2026 ca. 50.000 Unternehmen ab 10 MA), das **Lieferkettensorgfaltspflichtengesetz** (ab 2023 für Unternehmen ab 3.000 MA, ab 2024 für Unternehmen ab 1.000 MA) oder die **CSDD-Richtlinie** zur Achtung von Menschenrechten und Umwelt (ab 2026 für Unternehmen ab 500 MA, ab 2028 für Unternehmen ab 250 MA).

Darüber hinaus ändern sich die Haftungspflichten von Geschäftsführern, Vorständen und Aufsichtsräten drastisch, wenn sie ihren Sorgfaltspflichten im Sinne der Nachhaltigkeitsstrategie und des Risikomanagements nicht nachkommen. Anders gesagt: Wer künftig keine Strategien zur nachhaltigen Entwicklung seines Geschäftsmodells hat und damit vermeidbare Risiken eingeht, macht sich haftbar.

Literatur

B Corporation (Stand 31.05.2023) https://www.bcorporation.net/en-us/

Beck, D., Cowan, C. (2014). Spiral Dynamics. Leadership, Werte und Wandel, Kamphausen, Bielefeld.

Brandel et al. (Stand 31.05.2023) https://zebrasunite.coop/our-vision

Doerr, J. (2018): Objectives & Key Results. Wie Sie Ziele, auf die es wirklich ankommt, entwickeln, messen und umsetzen.

Donut Ökonomie, Endlich ein Wirtschaftsmodell, das den Planeten nicht zerstört, Kate Raworth, 2017, Hanser Verlag.

EU Green Deal, erster klimaneutraler Kontinent werden (Stand 31.05.2023) https://commission.europa.eu/strategy-and-policy/priorities-2019-2024/european-green-deal_de

Gemeinwohlökonomie (Stand 31.05.2023) https://www.ecogood.org/de/

Handelsblatt (2021) Impact Investing. Gutes tun und Geld verdienen (Stand 31.05.2023) https://www.handelsblatt.com/finanzen/anlagestrategie/trends/impact-investing-gutes-tun-und-geld-verdienen-wie-anleger-mit-ihrer-geldanlage-oekologische-ziele-erreichen/27178068.html

Osterwalder, A. (2023). AKIs statt OKRs. In Harvard Business Manager (Stand 31.05.2023) https://www.manager-magazin.de/harvard/strategie/ziele-erreichen-und-messen-akis-statt-okrs-a-91dbb2d4-f44b-4c3a-8300-61fb06c50d53??sa-ra_ecid=nl_upd_v1RmNA6KefdrNuSn5Q7RQq7VZvodaS&nlid=der-tag-manager-magazin-17-30

Planetary Boundaries, Stockholm Resilience Center, (Stand 31.3.2023) https://www.stockholmresilience.org/research/planetary-boundaries.html

Profile Dynamics (Stand 31.05.2023) https://www.profiledynamics.com/
Stakeholder Transformation Map, in Anlehnung an whyahead

Value Balancing Alliance (Stand 31.05.2023) https://www.value-balancing.com

Robertson, B. (2015). Holacracy. Ein revolutionäres Management-System für eine volatile Welt. Vahlen, München.

Immanenz

Einleitung

Du hast in den Schritten der Transzendenz deine Organisation entscheidend weiter entwickelt und Neues in die Welt gebracht. Dieser Shift auf eine höhere Entwicklungsstufe hat dein Unternehmen radikal verändert. Damit ist dir folgendes gelungen:

1. Die Differenzierung zu der bisherigen Entwicklungsstufe deines Unternehmens.
2. Die Transzendenz auf eine höhere Stufe.

Jetzt fehlt noch der letzte Schritt zur Komplettierung dieses Prozesses, die Immanenz. Es braucht nach der Phase des Überschreitens die Phase des Einschließens. Sie verleiht deiner Organisation eine Festigkeit auf neuem Niveau. Während ihr in der Phase der Transzendenz bewusste Differenzierungen von Today geschaffen habt, geht es in der Phase der Immanenz um Integration, Versöhnung und Wertschätzung.

Zwischen Transzendenz und Immanenz steht eine erstaunliche Übereinstimmung mit dem ruhigen Atem in Resonanz mit dem göttlichen Atem der ganzen Welt.

Yu Kam Por

Die Rückhaltekräfte deiner Organisationen haben sich nach der Transzendenz nicht gänzlich aufgelöst. Sie wollen umgelenkt werden in die richtige Richtung. So, wie in asiatischen Sportarten, wo die Kraftumlenkung zur Kunstform erhoben wird. Ihre Philosophie basiert vielfach auf Werten wie Respekt, Achtung vor allem Leben, Hingabe, Konzentration, Beharrlichkeit, Selbstbeobachtung und stetige Selbstverbesserung.

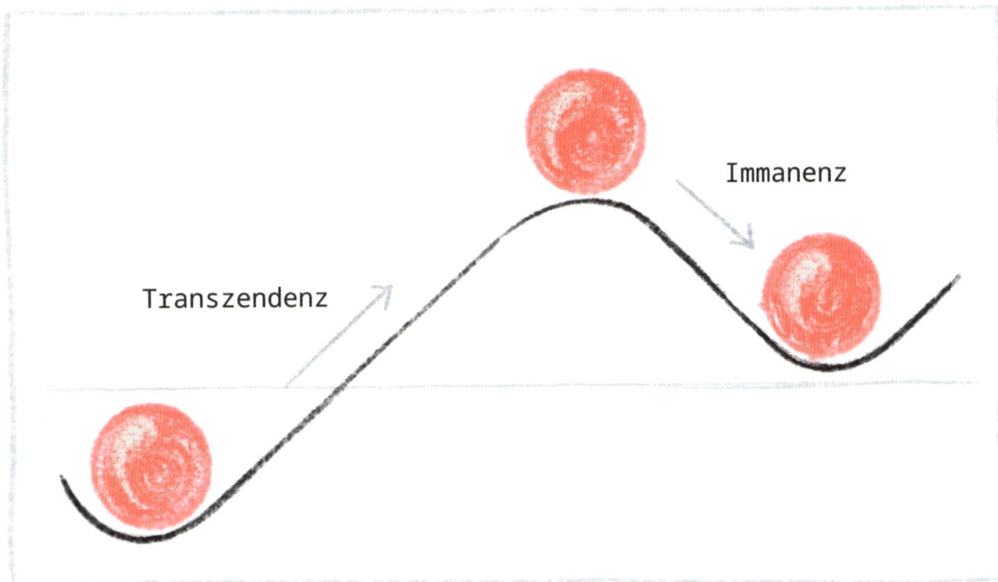

Die Immanenz hat also das Ziel, das Unternehmen wieder zu einer Einheit zusammenzuführen und einen stabilen Zustand auf neuem Niveau herzustellen. Diese Phase besteht aus den Schritten **Check**, **Temper**, **Learn** und **Celebrate**.

Immanenz

10. Schritt: Check

Zielsetzung

Der Schritt Check hat nach der Festlegung von Maßnahmen das Ziel zu überprüfen, ob die gewählten Impact-Maßnahmen die gewünschten Erfolge bringen:

- Für Exploit-Maßnahmen
  messbare, planbare, konkrete Ziele
- Für Explore-Maßnahmen
  Maßnahmen auf neuem Terrain

Die Wirksamkeit von Maßnahmen zu überprüfen, kennen wir schon sehr lange. Check ist seit Jahrzehnten ein vitaler Bestandteil des sogenannten Plan – Do – Check – Act Zyklus (PDCA) oder auch Deming-Zyklus genannt. Der 10. Schritt: Check hat folgende Zielsetzungen:

We tend to judge others by their behavior,
and ourselves by our intentions.

Steven Covey

- **Öko-Check:** Welche systemischen Auswirkungen hat die Impact-Maßnahme innerhalb und außerhalb der Organisation?
- **Kairos:** Wann ist der richtige Zeitpunkt, um die Impact-Maßnahme zu skalieren?

Beschreibung des Templates

Öko-Check

Welche systemischen Auswirkungen hat die Impact-Maßnahme innerhalb und außerhalb der Organisation?

Der Öko-Check untersucht die Konsequenzen und systemischen Auswirkungen einer Veränderung – in diesem Falle des Unternehmens – innerhalb und außerhalb des Systems. Der Öko-Check soll sicherstellen, dass die gewünschten Änderungen mit der gesamten Situation auch verträglich sind.

Fragen des Öko-Checks können wie folgt differenziert werden:

Öko-Check

- ☐ Welche Resonanz hast du mit den bisherigen Impact-Maßnahmen wahrgenommen:
  - Positiv, negativ?
  - Innerhalb und außerhalb des Unternehmens?
  - Kurz-, mittel- und langfristig?
  - Direkt und indirekt?
- ☐ Welche Möglichkeiten ergeben sich aufgrund der eingeführten Impact-Maßnahmen?
- ☐ Welchen anderen Systemen wird deine Organisation ähnlicher; welchen unähnlicher?

Kairos

Wann ist der richtige Zeitpunkt, um die Impact-Maßnahme zu skalieren?

Den richtigen Zeitpunkt zu wählen ist nicht die Frage von Chronos, sondern von Kairos. Chronos steht für die Kalenderzeit und ein festes Datum. Kairos steht für Reifezeit. Der günstige Zeitpunkt ist abhängig von Rhythmen, Wellen und Dynamiken innerhalb und außerhalb des Systems.

Gerade, wenn eure Impact-Maßnahmen Explore zuzuordnen sind, bietet es sich an, die Veränderungen im Kleinen zu testen. Die in der Pilotphase gewonnenen Erkenntnisse (Key-Insights) begrenzen das Risiko und helfen euch, die Impact-Maßnahme gegebenenfalls anzupassen, um sie zu skalieren. Das könnte eine Erweiterung des Piloten in einem größeren Wirkungsbereich sein, bis hin zum „big bang", d.h. eine Skalierung auf die gesamte Organisation. Diese Vorgehensweisen kennen wir aus dem agilen Projektmanagement. Dort werden kleine funktionsfähige Features als „minimum viable products" (MVP) entwickelt, die mit Erhöhung des Reifegrades skaliert werden können. Dieses Vorgehen macht auch bei der Entwicklung neuer Geschäftsmodelle und Geschäftsfelder Sinn.

Kairos

*Der richtige Zeitpunkt kommt nicht,
er wird geschaffen.*

Bruce Lee

Deep Dive

PDCA-Zyklus

Der Plan-Do-Check-Act-Zyklus ist ein Modell zur Umsetzung von Veränderungen. Er ist ein integraler Bestandteil der Lean-Philosophie und eine wichtige Voraussetzung für kontinuierliche Verbesserungen. Zuerst von Walter Shewhart vorgeschlagen und später von William Deming entwickelt, hat sich der PDCA-Zyklus zu einem weit verbreiteten Framework in Fertigung, Management und anderen Bereichen entwickelt. PDCA ist eine einfache vierstufige Methode, mit der Teams wiederkehrende Fehler vermeiden und Prozesse verbessern können:

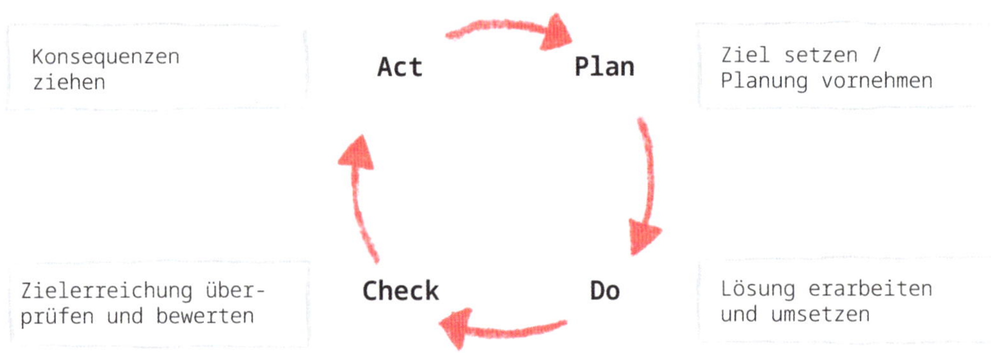

Plan steht für das Planen. Dazu gehört das Sammeln und Auswerten von Informationen, genauso wie die Zieldefinition. Aus den relevanten Planungsdaten werden die erforderlichen Qualitätsverbesserungsmaßnahmen abgeleitet.

Do ist gleichzusetzen mit der Ausführung und Umsetzung der geplanten Aktivität in den Pflegealltag.

Check ist die Überprüfung und gleichzeitig die Evaluation der durchgeführten Maßnahme.

Act steht für eine Überarbeitung des Ziels oder der getroffenen Maßnahmen, um sicherzustellen, dass das Problem nicht mehr auftritt bzw. sich nicht verschlechtert.

Danach beginnt der Zyklus von Neuem.

Immanenz

11. Schritt: Temper

Zielsetzung

Die Impact Maßnahmen sind implementiert, die gewünschte Wirkung wird sichtbar. Es ist dir gelungen, deine Organisation zu transformieren. Doch der Zustand ist noch fragil, es gibt Rückhaltekräfte, die den früheren Zustand, die gewohnten Denk-, Fühl- und Handlungsmuster beibehalten möchten - bewusst oder unbewusst. Es gilt, die Transformation in einen stabilen Zustand zu überführen.
Ähnlich ist es in der Metallbearbeitung, dem Tempern: Durch die Änderung und Umwandlung des inneren Gefüges (Wärmebehandlung mit anschließender schnellen Kühlung) erhält das Werkstück eine erhöhte Festigkeit (analog zu „re-freezing“, beschrieben im Check In).

Wir härten Stahl, indem wir ihn hämmern, während er glüht — nicht, um ihn zu schmieden oder zu formen, sondern um ihn stark zu machen.

Suzuki Shunryu

Im Kontext der Lernprozesse stehen wir an der Schwelle von der bewussten zur unbewussten Kompetenz. Wenn wir lernen, dann braucht es eine Vielzahl an Wiederholungen, bis wir es im Schlaf beherrschen. Für Organisationen heißt es, dass die neuen Muster kulturimmanent werden: Mitarbeitende verhalten sich in einer Weise, ohne darüber nachzudenken, wie sie sich verhalten.

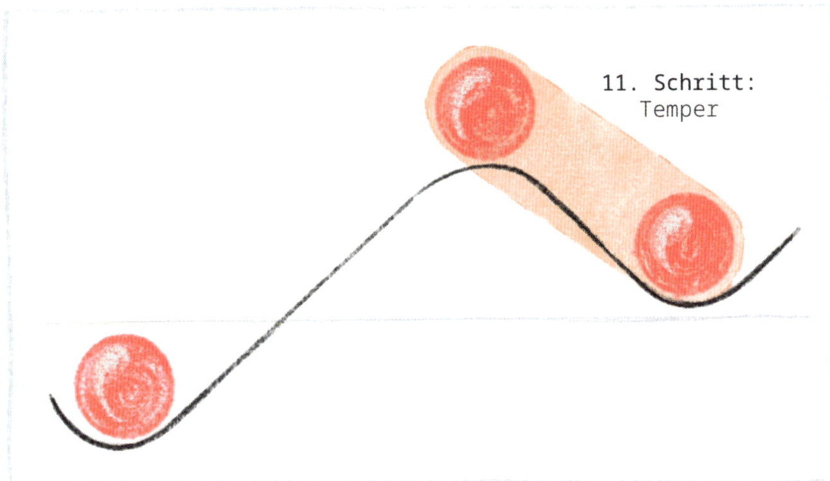

Je weniger wir bei diesen neuen Lernprozessen gegen innere Widerstände angehen müssen, desto reibungsfreier und energieärmer gelingt uns die Verstetigung der neuen Haltungs- und Verhaltensmuster. Neurologisch gesprochen, wird durch den Schritt Temper in unserem Gehirn aus Trampelpfaden mehrspurige Autobahnen (siehe auch Betamorphose in der Einleitung zur Phase der Transzendenz).

Für jeden einzelnen, den die Transition betrifft, braucht es gute Argumente, um zu kooperieren. Diese sorgen dafür, dass sich unser Verstand überzeugen lässt. Doch um die inneren Widerstände abzubauen, sind positive Signale für das Unterbewusstsein nötig. Diese Signale müssen stark ausgeprägt sein, gleichzeitig sollten keine negativen Signale von den Impact-Maßnahmen ausgehen. Das Werkzeug zur Bewertung der positiven und negativen Signale ist der eigene Körper; die Wahrnehmung geht über das Fühlen. Was wir dabei spüren, sind Körpersignale, sogenannte somatische Marker. Positive und negative Gefühle werden in unterschiedlichen Regelkreisen bearbeitet. Wenn sich beide Körpersignale bemerkbar machen, zeigt sich das in gemischten Gefühlen.

Beschreibung des Templates

Affektbilanz

Um die positiven, wie negativen Signale zu dokumentieren, stellen wir euch die sogenannte Affektbilanz vor, die von Maja Storch als Teil des Zürcher Ressourcen-Modells entwickelt hat.
Eine gute Affektbilanz für die Impact-Maßnahmen zeichnet sich darin aus, dass die negativen somatischen Marker quasi null sind und die positiven somatischen Marker bei ungefähr 70 oder höher liegen.

Ruf jetzt die **Affektbilanz** im Impact Business Architect auf und gehe dabei wie folgt vor:

1.Schritt
Bisherige Einschätzung der negativen und positiven somatischen Marker
Markiere (mit jeweils einem Punkt) möglichst spontan die positiven und negativen Signale zu den umgesetzten Impact-Maßnahmen und schreibe sie auf.

2. Schritt
Ideenentwicklung, zur Verbesserung der Affektbilanz
Wie können die Impact-Maßnahmen inhaltlich und/oder kommunikativ angepasst werden, um die Affektbilanz zu verbessern?

3. Schritt
Jetzige Einschätzung der negativen und positiven somatischen Marker
Markiere möglichst spontan die positiven und negativen Signale nach der Anpassung der Impact-Maßnahmen.

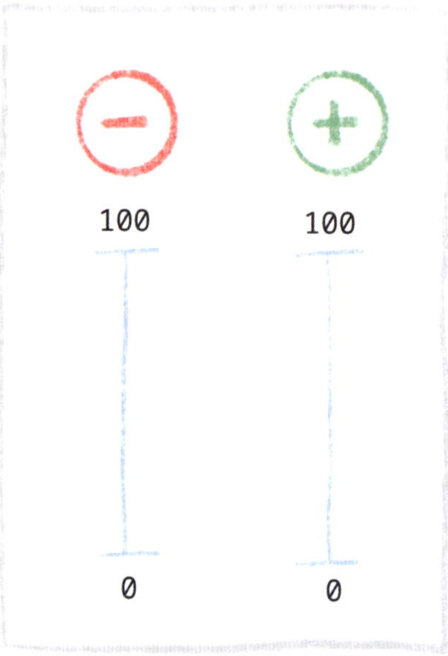

Affektbilanz

Fragen zur Verstetigung

Diese Fragen können dir in der Bearbeitung der Affektbilanz hilfreich sein:

- ☐ Woran spürst du den neuen Zustand der Veränderung?
- ☐ Welche Auswirkungen nimmst du auf die Kultur und die Zusammenarbeit im Unternehmen wahr?
- ☐ Welche Rückhaltekräfte wirken noch in der Organisation?
- ☐ Wie kannst du diese Rückhaltekräfte hin zur gewünschten Wirkung umlenken?
- ☐ Wird die Veränderung von allen Mitarbeitenden verstanden und akzeptiert?
- ☐ Gibt es kontinuierliches Training und Coaching, um sicherzustellen, dass alle die neuen Fähigkeiten und Verhaltensweisen erlernen und umsetzen können?
- ☐ Wo gibt es noch Prozesse oder Praktiken, die verändert werden müssen?
- ☐ Wie nutzt du die Resonanz von Kunden und Partnern, um zu zeigen, dass die Veränderung auch außerhalb der Organisation positive Wirkungen hat?
- ☐ Verändern sich die neuen Denk-, Fühl- und Handlungsmuster von bewusster hin zu unbewusster Kompetenz?
- ☐ Haben sich die Hypothesen bewahrheitet, die du zu Beginn der Reise aufgestellt hast?

Deep Dive

Denkmuster neu entwickeln

Wenn unser Gehirn Vorstellungen und Ideen entwickelt, dann geht das mit der Bildung bestimmter Erregungsmuster einher. Durch die Wirkung neuroplastischer Botenstoffe werden Nervenzellen des Gehirns dazu veranlasst, synaptische Verbindungen herzustellen bzw. bestehende Kontakte enger zu knüpfen. Je häufiger diese Bahnung und Stabilisierung passieren, desto stabiler sind diese Nervenzellverbindungen. Solche im Kopf entstandenen Autobahnen sind nicht ohne weiteres einfach wieder auflösbar. Sie sind in uns verankerte innere Bilder, die unser Denken, Fühlen und Handeln leiten. Durch die Bahnung neuer synaptischer Verbindungen können die alten Muster überlagert werden.

Das unbewusste Entscheidungssystem

Der Mensch verfügt über zwei Entscheidungssysteme: Ein bewusstes und ein unbewusstes System. Das unbewusste System hat unserer Spezies das Überleben sichergestellt. Es ist unser emotionale Erfahrungsgedächtnis, das teils bereits angeboren ist, größtenteils jedoch erlernt wird. Ein wesentlicher Anteil menschlichen Handelns wird unbewusst gesteuert. Etwa 20.000-mal am Tag treffen wir Entscheidungen, ohne groß darüber nachzudenken. Dieses Unbewusste gilt es bei der Willensbildung und Verstetigung neuer Haltungs- und Verhaltensmuster mit einzubeziehen bzw. zu nutzen.

Das unbewusste System hat eine enorme Bedeutung bei der Bildung emotionaler Zustände. Dabei speichert der Organismus alles, was erlebt wurde, bzw. was für uns von Bedeutung ist. Und das sind zwei Dimensionen:

positiv
Was ist gut für mich? **Das möchte ich wiederholen**

negativ
Was ist schlecht für mich? **Das möchte ich tunlichst vermeiden**

Wenn die Bewertung aus dem emotionalen Erfahrungsgedächtnis und der Analyse des Verstandes zu übereinstimmenden Ergebnissen kommen, dann kann von einer klugen Entscheidung gesprochen werden.

Immanenz

Sobald man in einer Sache Meister geworden ist,
soll man in einer neuen Schüler werden.

Gerhart Hauptmann

12. Schritt: Learn

Zielsetzung

Ihr seid mit eurer Reise zu einer Impact First Organisation an der vorletzten Etappe angekommen. Es gilt nochmals innezuhalten, einen Helikopterblick einzunehmen und auf das Erreichte zu schauen. Impact Business bedeutet, einen Paradigmenwechsel in Denken, Fühlen und Handeln zu erzeugen. Dazu müssen wir neu lernen; das gilt insbesondere dann, wenn wir uns im Explore-Modus befinden. Dieser hat transformatives Lernen zur Folge. Lernen im Exploit-Modus hat vor allem akkodomaditves und assimilatives Lernen zur Folge.

Das Vorgehen im 12. Schritt ist identisch zu Learn aus dem 8. Schritt – Gap. Was sich verändert hat, ist der Scope, also das, was wir als Lernfeld betrachten. Jetzt blicken wir nicht nur auf die Lücke aus Today und Tomorrow, sondern auf die gesamte Reise, über den gesamten Transitionsprozess.

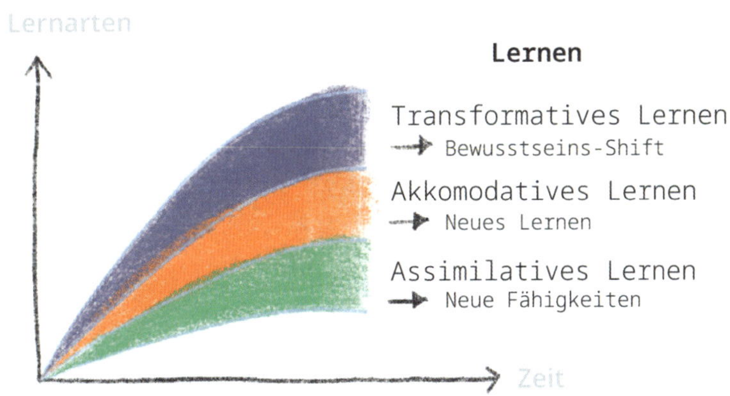

Beschreibung des Templates

Lernfragen

Lernen findet auf unterschiedlichen Ebenen statt. Von besonderer Bedeutung sind dabei die Lernsprünge, die ihr an euch und an anderen – zum Teil auch schmerzhaft – bemerkt. Das Impact Business Oszillogram ist ein Instrument, dass euch die Chance bietet, insbesondere akkomodatives und transformatives Lernen zu unterstützen:

Lernfragen

Akkomodatives Lernen
Wenn es darum geht, neue Haltungs- und Handlungsmuster zu entwickeln und sich dabei von alten Mustern zu verabschieden.

Transformatives Lernen
Wenn ihr mit dem Impact Profiler eure Organisation auf eine neue Bewusstseins-Stufe bringt.

Um diese Erkenntnisse festzuhalten und für euch nutzbar zu machen, beantwortet folgende Fragen:

- [ ] **Welche Erfahrungen habt ihr auf dieser Reise gemacht?**
- [ ] **Welche Erfahrungen haben uns positiv überrascht?**
- [ ] **Welche Erfahrungen waren schmerzhaft?**
- [ ] **Wie wollen wir die positiven Erfahrungen im organisationalen Gedächtnis verankern?**
- [ ] **Wie gelingt es der Organisation, mit widersprüchlichen Aspekten und Wahrnehmungen umzugehen?**
- [ ] **Was hat jeder Einzelne von euch gelernt?**
- [ ] **Was habt ihr als Transitionsteam gelernt?**
- [ ] **Was habt ihr über eure Stakeholder gelernt?**

Deep Dive

Lernen

Die vier Arten des Lernens:

Kumulatives Lernen

Wenn ein völlig neues Schema oder Muster entwickelt wird, handelt es sich um kumulatives oder mechanisches Lernen. Es ist etwas Neues, das nicht ein Teil von etwas anderem ist. Deshalb tritt kumulatives Lernen am häufigsten in den ersten Lebensjahren auf. In späteren Lebensjahren kommt kumulatives Lernen in Situationen vor, in denen etwas gelernt werden muss, das in keinem anderen Sinnzusammenhang steht oder keine persönliche Bedeutung für die Lernperson hat. Das Lernergebnis ist dadurch gekennzeichnet, dass es nur in Situationen abgerufen oder angewendet werden kann, die dem Lernkontext ähnlich sind.

Assimilatives Lernen

Dies ist die bei weitem häufigste Art des Lernens. Das neue Element wird durch Hinzufügen in ein bestehendes Schema oder Muster integriert. Es findet auch in Kontexten statt, in denen schrittweise Fähigkeiten kognitiver, emotionaler oder sozial-gesellschaftlicher Art entwickelt werden. Der Zugang zu diesen Schemata und Mustern in anderen Kontexten kann schwierig sein.

Akkommodatives Lernen
Es gibt Situationen, in denen etwas geschieht, das nicht direkt in ein bestehendes Schema oder Muster eingeordnet werden kann. Diese Art des Lernens besteht darin, ein bestehendes Schema (oder Teile davon) abzubauen und so zu verändern, dass das Neue integriert werden kann. Auf diese Weise wird sowohl etwas aufgegeben als auch etwas aufgebaut. Dies kann als schmerzvoll erlebt werden und viel mentale Energie erfordern. Man muss bestehende Grenzen überschreiten und etwas völlig Neues oder Anderes verstehen oder akzeptieren. Das Lernergebnis ist dadurch gekennzeichnet, dass es in vielen unterschiedlichen relevanten Kontexten abgerufen und angewendet werden kann. Normalerweise hat man dabei das Gefühl, etwas wirklich verstanden und verinnerlicht zu haben.

Transformatives Lernen
Damit sind Veränderungen der Persönlichkeit gemeint. Es handelt sich um eine Restrukturierung in kognitiver, emotionaler und sozial-gesellschaftlicher Dimension, die in der Regel das Ergebnis von Krisen ist. Transformatives Lernen wird hervorgerufen durch Herausforderungen, die als drängend und unvermeidbar empfunden werden. Sie erfordern eine Änderung des Selbst, um die Herausforderungen zu bewältigen. Transformatives Lernen ist daher tiefgreifend und umfassend und kann oft körperlich erfahren werden, in der Regel als ein Gefühl der Erleichterung und Entspannung.

Immanenz

Feiere jeden Erfolg, auch wenn er noch so klein ist.
Denn Erfolg zieht Erfolg an.

Oprah Winfrey

13. Schritt: Celebrate

Das Feiern der Erfolge am Ende einer Transformation macht nicht nur Spaß, es ist äußerst wichtig, da es allen Beteiligten hilft, ihre Fortschritte anzuerkennen und sich auf die positiven Aspekte ihrer Reise zu konzentrieren. Es gibt den Menschen auch die Motivation, weiterhin hart daran zu arbeiten und ihre Ziele zu erreichen. Indem man seine Erfolge feiert, entwickelt man auch eine positive Einstellung zu dem Vorhaben und stärkt das Selbstvertrauen, was es einfacher macht, weiterhin hart an einer Impact First Organisation und einer enkelfähigen Zukunft zu arbeiten.

Erfolge gemeinsam zu zelebrieren hat verschiedene psychologische Auswirkungen auf die Beteiligten:

Positive Verstärkung
Das Feiern von Erfolgen verstärkt das Verhalten, das zu diesem Erfolg geführt hat. Durch die Feier wird das positive Verhalten belohnt und die Teilnehmer fühlen sich bestärkt, ihre Anstrengungen fortzusetzen.

Stärkung des Selbstbewusstseins
Durch das Feiern von Erfolgen fühlen sich die Teilnehmer stolz auf ihre Leistungen und das stärkt ihr Selbstbewusstsein und ihre Selbstwirksamkeit. Es gibt ihnen das Gefühl, dass sie in der Lage sind, schwierige Aufgaben zu bewältigen und zukünftige Herausforderungen zu meistern.

Verbindung und Gemeinschaftsgefühl
Wenn Menschen gemeinsam Erfolge feiern, stärkt das ihre Verbindung und schafft ein Gefühl der Gemeinschaft. Dies kann dazu beitragen, Beziehungen zu stärken und den Zusammenhalt zu fördern.

Reduktion von Stress und Burnout
Das Feiern von Erfolgen kann auch dazu beitragen, Stress und Burnout zu reduzieren. Wenn Menschen hart arbeiten, um ein Ziel zu erreichen, kann die Feier der Erfolge dazu beitragen, die Belastung zu reduzieren und die Motivation zu steigern.

Gemeinsam den Erfolg auf dem Weg zur Impact First Organisation zu zelebrieren, kann alle Dimensionen beinhalten. Wir haben Kunden dabei begleitet, kleine Formate auf Team- oder Abteilungsebene umzusetzen. Bis hin zu einer ganzen Inspiration Week mit vielen tausenden Beteiligten – Mitarbeitende, Kunden, Partner und Freunde des Unternehmens.

Erfolge zu feiern schließt einerseits mit etwas Erreichtem ab und bietet Zeit der Reflexion. Es schafft andererseits die Perspektive nach vorne, um aus dem Erlebten und Gelernten die nächsten Schritte zu gehen und dafür zu inspirieren.

Du erkennst, bei Celebration geht es nicht um ein plumpes Incentive, sondern um die schönste Form Danke zu sagen, Wertzuschätzen, das Engagement zu würdigen und Motivation zu geben, für die weitere Verstetigung, hin zu einer enkelfähigen Zukunft.

Literatur

Nuissl, E. (Hrsg.). (2006). Vom Lernen zum Lehren. Lern- und Lehrforschung für die Weiterbildung, Bertelsmann, Bielefeld.

Storch, M. (2008). Rauchpause. Wie das Unbewusste dabei hilft, das Rauchen zu vergessen, Huber, Bern.

Storch, M. (2011). Das Geheimnis kluger Entscheidungen. Von Bauchgefühl und Körpersignalen, Piper, München.

Tschacher, W., Storch, M., et al. (2022). Embodiment. Die Wechselwirkung von Körper und Psyche verstehen und nutzen, Hofgrefe, Göttingen.

Check Out

Begriffsklärungen

Hier erläutern wir, wie wir die wichtigsten Begriffe im Zusammenhang mit Impact Business Design verstehen und verwenden. Durch die Erklärungen erhöhen wir die Klarheit und Orientierung beim Verwenden des Playbooks. Und wir reduzieren die Wahrscheinlichkeit, dass irreführende Bilder in den Köpfen der Lesenden entstehen. Die Erklärungen sind alphabetisch geordnet.

Business
verstehen wir als eine wirtschaftlich selbständige Organisation, die auf Profit oder Non-Profit ausgerichtet ist. Solche Organisationen haben die größten Hebel in der Transformation zu einer regenerativen Wirtschaft. Je mehr enkelfähige Organisationen ihre Reifegrade erhöhen, umso höher ist der Impact für Gesellschaft und Umwelt.

Betamorphose
ist angelehnt an den Begriff der **Metamorphose**, der Umgestaltung, Verwandlung oder auch Umwandlung bedeutet. Er beschreibt die Veränderung des Zustands eines Lebewesens oder einer Sache. In der Biologie beschreibt man mit dem Begriff beispielsweise die Umwandlung einer Larve zu einem ausgewachsenen, geschlechtsreifen Tier. Im Bereich der Botanik meint man mit Metamorphose die evolutionäre Anpassung einer Pflanze, um sich an spezielle Lebens- und Umweltbedingungen anzupassen. Veränderung und Wandlung bezeichnet für uns auch den Always-Beta-Zustand: Nie fertig sein, immer im Wandel, zum nächsten Schritt, der nächsten Transition. Diese semantische Lücke füllt für uns die Betamorphose.

BANI
ist ein neues Sensemaking-Modell. In den letzten 40 Jahren sprach man meist von einer VUCA-Welt. Ein Akronym, das im US War College Ende der 1980er Jahre, zu Zeiten des kalten Krieges, entstanden ist. Das VUCA-Konzept beschreibt die Welt

als V:olatile (volatil), U:ncertain (unsicher), C:omplex (komplex) und A:mbiguous (mehrdeutig). Seit einigen Jahren stehen wir an der Schwelle zu einer Welt, die immer mehr von Chaos geprägt ist. VUCA liefert uns daher immer weniger nützliche Erkenntnisse. Im Gegensatz dazu ist BANI ein neues, auf die Situation angepasstes Modell. Der Begriff steht für B:rittle (brüchig), A:nxious (ängstlich, besorgt), N:on-linear (nicht-linear) und I:ncomprehensible (unbegreiflich). BANI wurde im deutschsprachigen Raum von Stephan Grabmeier eingeführt und prägt seitdem die Dynamiken des Wandels für viele Change Maker.

Design
umfasst die Formgebung sowie dessen Interaktion mit einem Nutzer. Impact Design löst reale Probleme. Es arbeitet nicht an der Verpackung, um den Inhalt besser zu verkaufen. Es wendet sich stattdessen den wirklichen Herausforderungen zu, die wir auf Planeten mit begrenzten Ressourcen haben. Impact Designer fragen sich bei ihren gestalterischen Entscheidungen stets, ob sie die beste derzeit verfügbare Option gewählt haben. Das geht über die Lieferkette (Supply Chain) hinaus und fokussiert die gesamte Wertschöpfungskette (Value Chain): von der Ressourcengewinnung über die Produktion, die Transportwege und die Nutzungsphase bis hin zur Post-Use-Phase (Was passiert mit dem Gestalteten nach dem Gebrauch?). Design betrachtet die Wertschöpfung systemisch: Welche Neben-, Rück- und Fernwirkungen erzielen wir ökonomisch, ökologisch und sozial?

Economics of Mutuality
ist ein Konzept, das an der Oxford University in Zusammenarbeit u. a. mit Mars und Danone entwickelt wurde. Das Modell zielt darauf ab, soziale und ökologische finanzielle Werte in das Kerngeschäft eines Unternehmens zu integrieren. Die Economics of Mutuality basieren auf vier Säulen: 1. Menschliches Kapital, 2. Soziales Kapital, 3. Naturkapital und 4. Finanzkapital. Angestrebt wird ein ausgewogenes Verhältnis

zwischen diesen vier Säulen, um langfristigen Erfolg für das Unternehmen, seine Mitarbeitenden, Kunden und die Gesellschaft insgesamt zu schaffen.

Enkelfähigkeit
ist essenziell für das Unternehmertum im 21. Jahrhundert. Es bedeutet, wertorientiert zu leben und dies mit unternehmerischem Denken in Einklang zu bringen. Nachhaltigkeit wird zur Voraussetzung für wirtschaftlichen Erfolg. Es ist ein spielerischer Weg zur Gestaltung einer ganzheitlichen, humanistischen und mitfühlenden Wirtschaft, in der es nicht darum geht, zu gewinnen oder zu verlieren, sondern möglichst lange mitzuspielen.

Haltung
ist ein im Prozess der Sozialisation und Reflexion erworbenes Muster zur Regelung des psychischen Systems. Es ist eine innere Grundeinstellung, die das Wahrnehmen, Denken, Erleben und Handeln prägt. Sie bestimmt, worauf das Subjekt (ein Mensch oder eine Organisation) seine Aufmerksamkeit richtet und was es dabei wahrnimmt. Haltung beeinflusst maßgeblich das Denken (Mindset), Artikulieren (in Worte fassen, Sprache) und Handeln.

Homöostase
beschreibt den Gleichgewichtszustand eines offenen Systems, der durch einen internen Regelprozess aufrechterhalten wird. Sie ist damit ein Spezialfall der Selbstorganisation von Systemen. In der Biologie bezeichnet der Begriff die Fähigkeit des Körpers, seine inneren Bedingungen wie Temperatur, pH-Wert, Flüssigkeits- und Elektrolythaushalt sowie andere physiologische Prozesse in engen Grenzen zu halten, um optimale Bedingungen für das Überleben und die Funktion von Zellen, Geweben und Organen zu gewährleisten. In Unternehmen bedeutet Homöostase, die Balance zwischen außen und innen aufrechtzuerhalten. Oder anders ausgedrückt,

die innere Anpassung an die komplexen äußeren Systeme, damit alle Systeme positiv interagieren können.

Immanenz
wird oft als Gegenteil von Transzendenz betrachtet, da letztere sich auf die Fähigkeit einer Organisation bezieht, über ihre aktuellen Grenzen und Begrenzungen hinauszuwachsen. Immanenz ist wichtig in der Kombination mit Transzendenz, um eine umfassende Verstetigung einer Veränderung zu erreichen, die sowohl interne als auch externe Kräfte berücksichtigt. In der Organisationsentwicklung ist es notwendig, einen ausgewogenen Ansatz zu wählen, der sowohl immanente als auch transzendente Veränderungen umfasst. So lässt sich eine kontinuierliche Verbesserung und Anpassung an sich wandelnde Bedürfnisse und Anforderungen gewährleisten.

Impact
ist der Einfluss oder die Wirkung, die wir durch unser Handeln erzeugen. Impact kann im Denken, Fühlen und Handeln entstehen, um Umwelt, Gesellschaft und Wirtschaft positiv zu verändern. Je höher der Impact, umso stärker die Wirkung. Wir orientieren uns im Impact Business Design an den Beschreibungen der Impact Matrix von Phineo.

Erfassung des Impacts durch die Wirkungstreppe

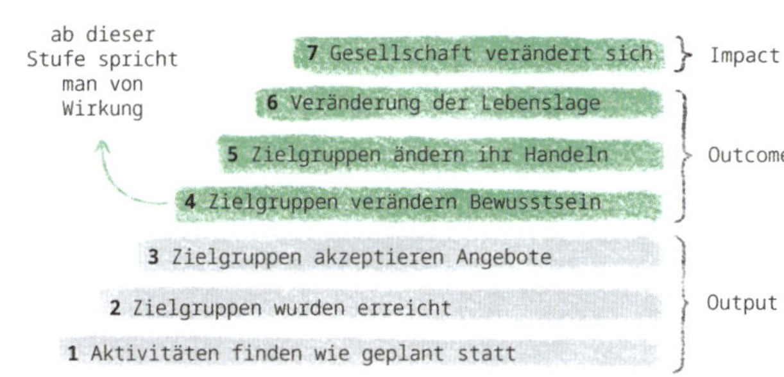

Integrale Theorie
basiert auf grundlegenden Erkenntnissen aus vielen wissenschaftlichen Disziplinen mit unterschiedlichen Schwerpunkten wie Werte, Selbstentwicklung, Spiritualität und Organisation. Den Grundstein legten die Arbeiten von Clare W. Graves (1914 – 1986). Don Beck (geb. 1937) machte die Theorie unter dem Namen Spiral Dynamics bekannt. Ken Wilber (geb. 1940) bezieht sich in der Entwicklung seiner Integralen Theorie (die über die Entwicklung der Stufen hinausgeht) auf die Arbeiten von Graves. Der Impact Profiler bedient sich der Entwicklungsstufen auf Basis von Graves und übersetzt sie als Werkzeug in eine quantitative Analyse einer Organisation.

Megatrends
sind langfristige, tiefgreifende und weitreichende Veränderungen in verschiedenen Bereichen, die unsere Gesellschaft und die Welt insgesamt beeinflussen. Es sind Trends, die sich über Jahrzehnte hinweg erstrecken und die Art und Weise beeinflussen, wie Menschen leben, arbeiten, kommunizieren und interagieren. Megatrends wirken sich auf Wirtschaft, Technologie, Umwelt, Gesellschaft, Politik und Kultur aus.

Oszillogramm
ist der Kern des Impact Business Designs. Es leitet sich aus dem lateinischen „oszillare" ab und steht für schwingen, schaukeln und wechseln. Im Impact Business Design wechseln wir ständig die Systemebenen. Wir betrachten wechselseitig Systeme außerhalb der Organisation und deren Auswirkungen auf das Innere unserer Organisation. Wir zoomen uns mit unterschiedlichen Beobachtungsperspektiven aus einem System heraus und in ein System hinein. Diese Wechsel sind immer dynamisch und nie linear, weshalb wir von oszillierenden Dynamiken sprechen.

PSI-Modell
ist das Vorgehensmodell, das dieses Playbooks berücksichtigt. Die sogenannte Persönlichkeits-System-Interaktionen-Theorie (PSI-Theorie) von Julius Kuhl baut auf über 30 Jahren Grundlagen- und Anwendungsforschung auf. Sie integriert sowohl die wichtigsten Theorien der Psychologie (z.B. von C. G. Jung, Iwan Petrowitsch Pawlow, Carl Rogers) als auch aktuelle wissenschaftliche Erkenntnisse aus der Motivations- und Persönlichkeitsforschung und den Neurowissenschaften.

Die Handlungssteuerung eines Menschen erfolgt durch die Interaktion von vier zentralen Gehirnsystemen.

1. **Fühlen – Extensionsgedächtnis (EG):** Hier befindet sich unser Wesenskern, also unser Selbstsystem. Im Extensionsgedächtnis werden Erfahrungen verwertet.

2. **Denken – Intentionsgedächtnis (IG):** Dieses System steht stellvertretend für unsere Handlungsplanung.

3. **Handeln – intuitive Verhaltenssteuerung (IVS):** Anhand dieses Systems werden Handlungen ausgeführt, also Ziele und Absichten umgesetzt.

4. **Prüfen – Objekterkennungssystem (OES):** Unter diesem Begriff versteht man die Fähigkeit zur Ergebniskontrolle.

Blockaden zwischen den Systemen oder die Konzentration auf Lieblingssysteme können die Motivation, das Sinnerleben und die Entscheidungskraft mindern bzw. verhindern gute Ergebnisse und Lernerfahrungen. Das PSI-Modell verbindet dabei nicht nur sichtbare Verhaltensweisen, sondern auch Überzeugungen, Werthaltungen oder Glaubenssätze.

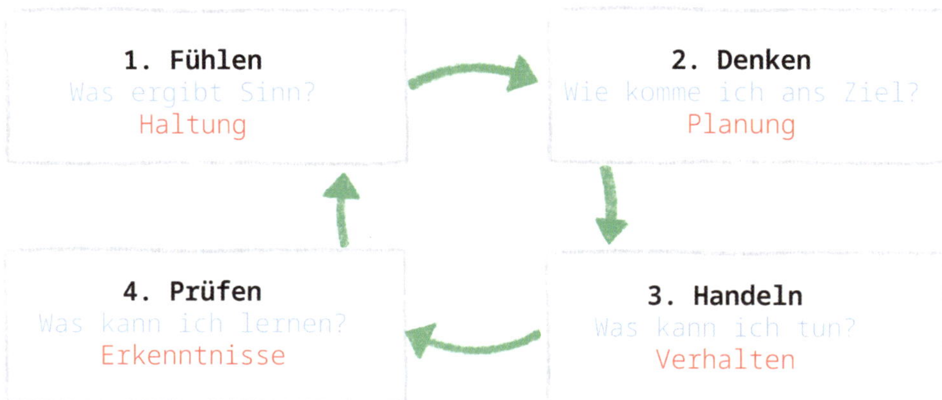

Regenerative Wirtschaft
ist ein Prinzip, das besagt: Man gibt mehr zurück, als man nimmt. Das gilt für alle Systeme, ob ökologisch oder sozial. Es reicht nicht aus, nur den Status quo zu erhalten und keinen Schaden mehr anzurichten. Sondern es geht darum, zu reparieren. Regeneratives Wirtschaften bedeutet im ersten Schritt die Wiederherstellung eines Systems, das uns ein erfolgreiches Leben ermöglicht und sich selbst erhält. Es ist ein Erhaltungssystem.

Resonanz
bezeichnet in der Physik das Schwingen eines Systems durch Anregungen von außen, wobei sich beide Seiten gegenseitig anregen (vergleiche auch oszillieren). Wir verwenden den Begriff im übertragenen Sinne und meinen damit die Reaktion auf eine Äußerung oder Handlung von außen. Wenn zum Beispiel ein Vorschlag, eine Idee, ein Produkt, ein Service auf viel positive Resonanz stößt, bedeutet dies, dass es viel Zustimmung gibt. Umgekehrt lässt das Ausbleiben von Resonanz Schlüsse auf mangelnden Impact schließen. Mit der Brille des Soziologen Hartmut Rosa und seiner soziologischen Resonanztheorie geht es darüber hinaus aber auch um resonante Beziehungen. Dynamische Systeme brauchen eine hohe Resonanzsensibilität und ausreichend Resonanzräume, um sich zu stabilisieren. Nur so kann eine neue Beziehungsqualität entstehen.

Resilienz
Resilienz bezieht sich auf die Fähigkeit von Individuen, Gruppen oder ganzen Systemen (wie Organisationen), sich von Krisen und Stressoren zu erholen und sich in positiver Weise anzupassen und weiterzuentwickeln. Es handelt sich um ein dynamisches Konstrukt, das in der Lage ist, mit Veränderungen umzugehen und auf Herausforderungen zu reagieren.

Transition
beschreibt den Übergang oder die Veränderung von einem Zustand in einen anderen. Transitionen sind klarer und eindeutiger als Transformationen, sie bieten Ansatzpunkte für praktische Schritte: eine Strategie der vielen kleinen Schritte statt eines einzigen Transformationssprungs, der so groß ist, dass man sich oft nicht traut, ihn zu wagen. Impact Business Design ist ein Vorgehensmodell der vielen kleinen Transitionen.

Transzendenz
bezieht sich im Impact Business Design auf die Fähigkeit einer Organisation, über ihre aktuellen Grenzen und Begrenzungen hinauszuwachsen und sich weiterzuentwickeln. Es geht darum, die eigenen Beschränkungen zu überwinden, um sich auf eine höhere Vision, einen höheren Zweck oder eine höhere Mission auszurichten. Man blickt über die aktuellen operativen und strategischen Ziele hinaus und nimmt eine größere Perspektive ein. Eine Organisation, die transzendiert, erkennt an, dass ihre Existenz und ihre Ziele größer sind als die Interessen einzelner Mitglieder oder Gruppen innerhalb der Organisation. Eine transzendente Organisation wird in der Regel von einem tiefen Sinn für gemeinsame Werte und Überzeugungen getragen.

Unendliche Spiele
haben langfristigen Gewinn zum Ziel. Das Spiel geht immer weiter. Simon Sinek, der Erfinder des Golden Circle, hat in „The Infinite Game" den Begriff der existenziellen Flexibilität für die Wandlungsfähigkeit von Unternehmen eingeführt. Ein wichtiges Merkmal unendlicher Spiele ist, dass sie sich auf langfristige Ziele und Beziehungen konzentrieren und nicht auf kurzfristige Gewinne oder Verluste. Im Gegensatz zu endlichen Spielen geht es darum, sich auf den Spielprozess und die Beziehungen zu anderen Spielern zu fokussieren und im Spiel zu bleiben. Die Theorie der „unendlichen Spiele" geht zurück auf James P. Carse, der 1986 „Finite and Infinite Games: A Vision of Life as Play and Possibility" schrieb.

Wert
bezeichnet allgemein alles, was als gut, richtig und wichtig angesehen wird. Werte bereichern unser Leben in materieller, sozialer, geistiger, ästhetischer oder spiritueller Hinsicht. Der Ursprung des Begriffs liegt nicht in den Geistes- oder Naturwissenschaften, sondern in der Ökonomie. Erst im 19. Jahrhundert wurde Wert zu einem zentralen Begriff der Ethik. Mit Impact Business Design wollen wir Menschen dabei unterstützen, mit ihren Unternehmen Wert (value) zu schaffen, zu erhalten und zu erneuern. Und zwar in ökonomischer, ökologischer und sozialer Hinsicht.

Literatur

BANI vs. VUCA, Stephan Grabmeier, Blog, 18. Juni 2020 (Stand 30.05.2023) https://stephangrabmeier.de/bani-vs-vuca/

Economics of Mutuality, (Stand 30.05.2023) https://eom.org

Haniel, Enkelfähig Strategie https://www.haniel.de/de/unternehmen/ (Stand 31.05.2023)

Hartmut Rosa, Soziologe und Politikwissenschaftler, Resonanz (2018) Resonanz, eine Soziologie der Weltbeziehung.

Phineo Kursbuch Wirkung (Stand 31.05.2023) https://www.phineo.org/kursbuch-wirkung

Check Out

Der Unterschied zwischen dem, was wir tun,
und dem, was wir tun könnten, würde genügen, um die meisten
Probleme auf dieser Welt zu lösen.

Mahatma Gandhi

Herzlichen Glückwunsch, du hast es bis zum Ende des Impact Business Design Playbooks geschafft! Wie viele Tage, Wochen oder Monate liegen nun hinter dir? Denk einmal in Ruhe zurück, wie du gestartet bist. Wen hast du alles für dich gewonnen auf deiner Reise? Welche Widerstände hast du aus dem Weg geräum? Was hat überhaupt nicht geklappt hat? Und was ist dir richtig gut gelungen?

Du darfst stolz auf das sein, was du erreicht hast.

Wir hoffen, dass du von diesem Buch inspiriert wurdest und wertvolle Einblicke gewinnen konntest, wie du dein Unternehmen durch das Konzept des Impact Business Design auf ein neues Level bringen kannst. Ein Level, das dein Unternehmen in die Lage versetzt, Umweltveränderungen aufzunehmen und darauf adäquat reagieren zu können.

Der Weg zur Entwicklung enkelfähiger Lösungen ist nicht immer einfach und bringt viele Herausforderungen mit sich. Wir möchten dich ermutigen, die Methoden, die du in diesem Buch gelernt hast, stetig anzuwenden, wenn du sie brauchst. Genieße den Prozess und die Fortschritte zur weiteren Entwicklung. Denn letztendlich ist es die Leidenschaft und der Purpose, der uns motiviert, uns zu verbessern und nachhaltige Veränderungen in der Welt zu bewirken.

Wir wollen dich inspirieren mutig zu sein und Risiken einzugehen. Denn das ist der einzige Weg, um wirklich etwas zu bewegen und einen Unterschied zu machen. Lass dich von deiner Leidenschaft und deiner Vision leiten und bleib fokussiert auf dein Ziel. Mit der richtigen Einstellung und den Werkzeugen, die du in diesem Buch gelernt hast, bist du in der Lage, eine Organisation weiterzuentwickeln, die einen positiven Einfluss auf die Welt hat. Für eine enkelfähige Zukunft.

Jede und Jeder von uns hat die Kraft, Großes zu bewirken. Wir wünschen dir viel Erfolg, um lange im Spiel zu bleiben!

Check Out

Stephan Grabmeier

„Menschen inspirieren sich zu entfalten, um eine bessere Welt zu gestalten."

Stephan Grabmeier ist Future Designer und zählt zu den Thought Leadern für enkelfähiges Wirtschaften, New Work sowie der Sustainable Transformation.

Seit über 30 Jahren ist Stephan in Management-Rollen tätig: in Konzernen, wie HypoVereinsbank oder Deutsche Telekom AG, in digitalen Champions wie onsorsbank oder Haufe oder in Beratungsunternehmen, wie Kienbaum Management Consultants oder dem Zukunftsinstitut.
Heute leitet er die Synergie Zukunft GmbH und arbeitet mit bedeutenden Think Tanks für Trend- und Zukunftsforschung in Europa zusammen. Zu seinen Kunden gehört das Who is Who namhafter Unternehmen.
Als B-Leader ist er Teil der B Corporation Bewegung in Europa. Stephan engagiert sich als Business Angel für Impact Start-Ups und unterstützt globale Social-Business-Aktivitäten im Netzwerk des Friedensnobelpreiträgers Muhammad Yunus.
Mit rund 40 ausgewählten Auftritten als Keynote-Speaker pro Jahr liefert er inspirierende Impulse bei Kongressen oder Führungskräftetagungen.

Stephan hat bis heute an über 20 Büchern mitgeschrieben und nach dem „Future Business Kompass“ (2020) dieses Playbook in die Welt gebracht, um die Transformationsgeschwindigkeit für eine enkelfähige Wirtschaft zu erhöhen und einen neuen methodischen Standard zu setzen.

Stephan Petzolt

„Potenziale ent-wickeln, um Wirkung im Wesentlichen erzeugen."

Die Leidenschaft von Stephan Petzolt ist die Begleitung von Führungspersonen in Organisationen, zur Entfaltung ihrer Ressourcen und die ihrer Mitarbeitenden. Der Fokus liegt dabei auf der intensiven Auseinandersetzung mit dem, worum es im Business geht: verantwortliches Handeln.

Stephan verfügt über mehr als 20 Jahre Führungserfahrung in unterschiedlichen Positionen und Organisationen, insbesondere IT-Organisationen. Er verantwortete fundamentale und ganzheitliche Veränderungsprozesse. 10 Jahre war er Lehrbeauftragter für das Thema Ethik in der Wirtschaft.

2010 gründete er das Institut für praktische KybernEthik mit dem Ziel, wissenschaftliche Erkenntnisse in den Organisationsalltag zu transferieren. Ziel ist eine dynamische Balance von Dichotomien: ICH und WIR, Effizienz und Resilienz, Wertschätzung und Wertschöpfung, Transzendenz und Immanenz. Zu seinen Kunden zählen namhafte Unternehmen unterschiedlicher Größe und Organisationsformen aus unterschiedlichen Branchen. Trotz aller Unterschiede gibt es eine Gemeinsamkeit: alle Organisationen verfügen über eine klare Unternehmensidentität, die für die Stakeholder und insbesondere die Mitarbeitenden sinnstiftend ist.

Stephans persönliche Stärken sind Neugierde, Begeisterung, (Ergebnis-) Verantwortung, Weitblick, Kreativität und Humor. Seit über 10 Jahren ist der integral-systemische Coaching- und Beratungsansatz die Grundlage seines Denkens, Fühlens und Handelns.

Profile Dynamics

„Menschen und Organisationen verbinden."

Hans de Jong, Managing Director, Niederlande
Robert Siegers, Managing Director, Deutschland

„Jeder Mensch ist einzigartig und bringt etwas Besonderes in Organisationen ein. Das können Wissen und Erfahrung sein, aber was wirklich den großen Unterschied ausmacht, ist Begeisterung. Um eine ideale Übereinstimmung zwischen Mensch und Organisation zu ermöglichen, haben wir Profile Dynamics® entwickelt."

Wir glauben, dass Menschen, die Einblick in ihre Motivation gewinnen und das tun können, was ihrer Motivation entspricht, mehr Freude und Zufriedenheit erfahren und daher motiviert sind und bessere Leistungen erbringen.

Profile Dynamics hat wissenschaftliche Erkenntnisse über den Zusammenhang zwischen Motivation und Leistung anwendbar gemacht indem sie praktisch anwendbare Instrumente entwickelt haben. Sie bieten ein Toolkit für Organisationen, mit dem sie durch Analysen Einblick in die Motivationen ihrer Mitarbeitende, ihrer Teams und ihrer Organisation gewinnen können.

Die Instrumente finden Verwendung zur:

- Verbesserung der Zusammenarbeit durch gegenseitige Einsicht und Verständnis
- persönlichen Entwicklung
- Entwicklung eines Rollenverständnis: Passen die Anforderungen und die Umgebung oder gibt es Aufgaben, die besser anders verteilt sind?
- Verbesserung von Motivation, Engagement und Identifikation in einer nachhaltigen Mitarbeitendeführung und Personalentwicklung
- Stress-und Burn-Out Prävention: Menschen, die motiviert sind, haben mehr Energie und ein geringeres Risiko zu erkranken oder innerlich zu kündigen.

Elea Sophie Erdtmann & Josephine Bick

„Mit Bildern im Kopf gemeinsam unsere Zukunft gestalten."

Josephine Bick und Elea Sophie Erdtmann haben sich im Studium für Nachhaltiges
Design in Köln kennengelernt. Ihre Überzeugung, dass über Gestaltung gesell-
schaftliche Entwicklungen mitgetragen werden, bringt sie immer wieder für Projek-
te
zusammen. Mit ihrer Expertise, den Nachhaltigkeitsgedanken fundiert in Kontext
zu setzen, begleiten Josephine und Elea Unternehmen in ihren Transformationspro-
zessen. Hier bilden sie die kommunizierende Schnittstelle zwischen Wissenschaft,
Wirtschaft und Gesellschaft.

Als Illustratorin und Grafikdesignerin visualisiert Josephine Prozesse und Dynami-
ken
von Unternehmen und entwickelt hierbei einen disziplinenübergreifenden Weit-
blick, den sie als Research Consultant stetig ausbaut.

Mit der Entwicklung von Nachhaltigkeitsstrategien mobilisiert Elea Unternehmen,
gemeinsam bei der Umsetzung zukunftsfähiger Transformationen mitzuwirken. Ihr
gestalterischer Schwerpunkt im nachhaltigen Kommunikationsdesign ist dabei ein
wichtiges Werkzeug.